U0285429

精彩案例欣赏

精彩案例欣赏

精彩案例欣赏

精彩案例欣赏

精彩案例欣赏

精彩案例欣赏

精彩案例欣赏

精彩案例欣赏

精彩案例欣赏

精彩案例欣赏

精彩案例欣赏

艺术设计与实践

时装画手绘入门与实战

柴青／编著

清华大学出版社
北京

内容简介

本书是一本帮助时装手绘初学者有效地掌握时装画的表现技法，实现入门、提高造型表现能力的教材，全书采用“基础+示范+实例”的体例，通过学习本书，读者可以掌握时装手绘的基本技法，以及使用手绘技法进行的商业插画等工作。

本书分为3大篇，第1篇为入门篇，介绍了时装画基础、时装画人体表现等内容；第2篇为提高篇，介绍了马克笔表现技法、水彩表现技法和彩铅表现技法等内容；第3篇为综合篇，介绍了两种表现技法的结合使用和优秀时装效果图作品的欣赏。

本书定位于时装手绘初、中级学习人员，可作为广大时装手绘初学者和爱好者的学习教材。对服装院校培养专业的时装画人员来说，本书也是一本不可多得的参考书籍。

本书封面贴有清华大学出版社防伪标签，无标签者不得销售。
版权所有，侵权必究。侵权举报电话：010-62782989 13701121933

图书在版编目（CIP）数据

时装画手绘入门与实战 / 柴青编著. —北京：清华大学出版社，2018
（艺术设计与实践）
ISBN 978-7-302-47550-7

Ⅰ. ①时… Ⅱ. ①柴… Ⅲ. ①时装－绘画技法 Ⅳ. ①TS941.28

中国版本图书馆CIP数据核字（2017）第140623号

责任编辑：陈绿春
封面设计：潘国文
责任校对：胡伟民
责任印制：王静怡

出版发行：清华大学出版社
网　　址：http://www.tup.com.cn，http://www.wqbook.com
地　　址：北京清华大学学研大厦A座　　**邮　　编：**100084
社 总 机：010-62770175　　**邮　　购：**010-62786544
投稿与读者服务：010-62776969，c-service@tup.tsinghua.edu.cn
质量反馈：010-62772015，zhiliang@tup.tsinghua.edu.cn
印 刷 者：北京鑫丰华彩印有限公司
装 订 者：三河市溧源装订厂
经　　销：全国新华书店
开　　本：185mm×260mm　　**印　　张：**11.5　　**插　　页：**6　　**字　　数：**320千字
版　　次：2018年1月第1版　　**印　　次：**2018年1月第1次印刷
印　　数：1～3000
定　　价：59.00元

产品编号：072640-01

前言

PREFACE

时装画手绘是一门入门易、精通难的课程，没有长时间练习和对服装与人体关系的理解，是画不出有深度、有技术含量的优秀作品的。本书作者根据自己的绘画经验，结合其他时装画手绘者的经验对时装手绘进行深入分析，并通过大量的范例详细说明绘画的方法和技巧，直击绘画核心，使读者真正掌握时装画的绘画方法和技巧，做到活学活用，从而能够轻松地绘制时装画。

专业时装画表现力突出。只要会简单的几个人体着装动态图，任何人都可以"依葫芦画瓢"地画出看似专业的时装效果图，但实际上则是漏洞百出。欲画图，先懂图。手绘时装画属于艺术设计范畴，是以服装为载体的艺术表现形式。在绘制时装画前期，可以通过观察一些大师级的时装画、时装秀来提高自己的审美和创意灵感。

在绘制时装画时，我们最常用到的就是马克笔、水彩、彩铅这三种工具。而这三种工具也各有不同的绘制特点，表现出来的效果也各有千秋。掌握好每种绘画工具的绘画方式，然后发挥它们各自的特点，才能呈现出较为理想的时装画。

学习之初，可以采取临摹的方式，借鉴并学习本书时装画的绘制方法。然而每个人对于时装画的绘制，都有自己的绘制手法和独特的表现方式，尤其是对于时装画模特的表现，从人体动态到人物五官，再到服装款式，如果我们不是对每种动态、五官及服装款式都能熟练地驾驭，那么可以先重点表现其中的某种风格，这样能为我们前期的学习减轻不少负担。其独特的方式也可以让自己的绘画形成某种独有的风格。

当有了自己的风格后，便可大刀阔斧地尝试不同的时装表现方式，从而进一步提高自己的绘画技艺。

本书选用了大量的图例和作品赏析，叙述清晰，内容实用，每个知识点都配有图例分析，一些重点章节还安排了范例练习，这样有利于读者更好地掌握绘画技法。每个练习和示范的图例都取材于时尚服装中的实际款式，使广大读者在学习时装手绘的同时，还能了解新潮的时装款式。

本书由柴青编著，参加编写的还包括陈志民、陈运炳、申玉秀、李红萍、李红艺、李红术、陈云香、陈文香、陈军云、彭斌全、林小群、刘清平、钟睦、刘里锋、朱海涛、廖博、喻文明、易盛、陈晶、黄柯、黄华、杨少波、杨芳、刘有良、刘珊、赵祖欣、齐慧明、胡莹君等。

作者

2018 年 1 月

目录
CONTENTS

第2篇 提高篇 27

目录
CONTENTS

第1篇

入门篇

第1章

时装画基础

了解时装画及各类绘画工具，是绘制时装画的基础。我们在绘制时装画时常用到的绘画工具包括铅笔、橡皮、彩铅、水彩、马克笔、勾线笔、毛笔等。而时装画是表现作者创作的媒介，在绘画过程中不应拘泥于工具，而应当让所有的工具灵活地为创意服务。

1.1 了解时装画

时装画应该是多元化、多重性的。从艺术的角度，它强调绘画功夫、艺术感，现在也有很多时装画插图家，他们不注重设计，而是偏重美化设计，强调艺术感，关注作品的审美价值。从设计的角度，时装画只是表达设计意图的一个手段而已。画得好与坏不影响产品的市场销售，只能说绘画基础好的设计师作品，既有一定艺术价值也有设计内容。

不会画画也能进行时装设计，即在模特上可以直接做设计。生产服装的本质是造物活动，不是画画，而是对服装产品的表达。

1.1.1 时装画的定义和发展

时装画是以绘画作为基本手段，是通过丰富的艺术处理方法来体现服装设计的造型和整体气氛的一种艺术形式。

它是设计师将服装样式的流行趋势确定后，构想出来作为表现的第一阶段，服装设计者将所要展示或计划推出的服饰，应实际需要，用他们的手和笔将符合潮流服饰的线条形体、色彩、光线和组织的感受表达出来。由于是把预想着装后的情形画出来，所以，必须能表现出服装被穿上后的姿态和感觉，也必须有真实感和立体感。

时装画大约有500年的历史。从16世纪时装画的产生，到18世纪专门的时装画刊物的出现，而后在工业革命的影响下，迎来了19世纪服装画的黄金时代，一直到20世纪在工艺美术运动等各大艺术思潮的冲击下，时装画一路演变出无比丰富和绚丽的风格。它是将艺术审美、时代精神、表达方式融合于一体的艺术形式。

1.1.2 多种时装画代表作品

时装画手绘的方式主要分为三种：马克笔技法表现、水彩技法表现和彩铅技法表现。

1. 马克笔

马克笔是一种用途比较广泛的手绘工具，马克笔的优点在于可以快速表现人体着装的特点，其色彩比较丰富。

图 1-1

图 1-2

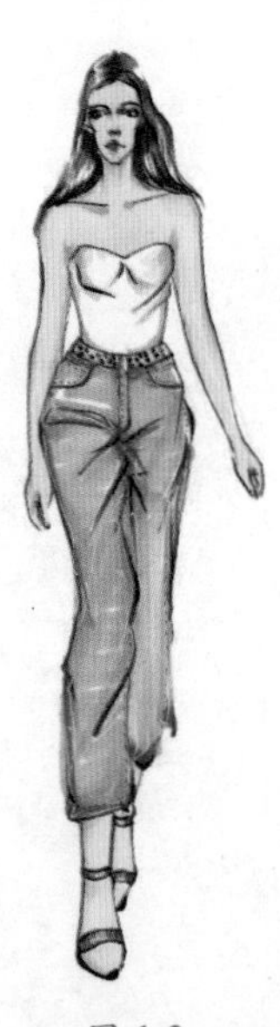

图 1-3

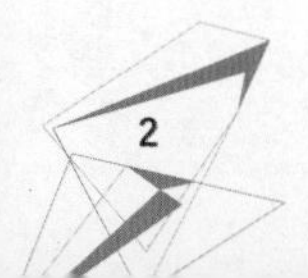

图 1-4　　图 1-5　　图 1-6

2．**水彩**

水彩的用色在服装效果图中灵活多变，能够生动准确地表达服装特色，具有丰富的表现能力。

图 1-7　　图 1-8　　图 1-9

图 1-10

图 1-11

图 1-12

图 1-13

图 1-14

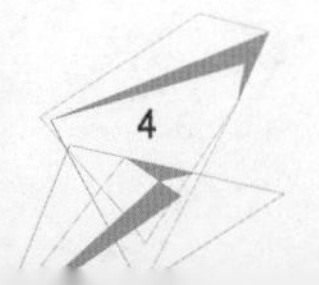

3. 彩铅

彩铅也是快速表现服装效果图的技法之一，彩铅画出的线条细腻，同时可以进行多种颜色的混合和叠加。

图 1-15

图 1-16

图 1-17

图 1-18

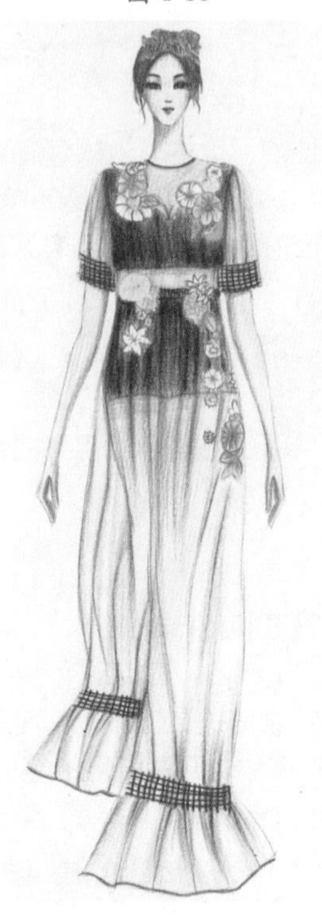

图 1-19

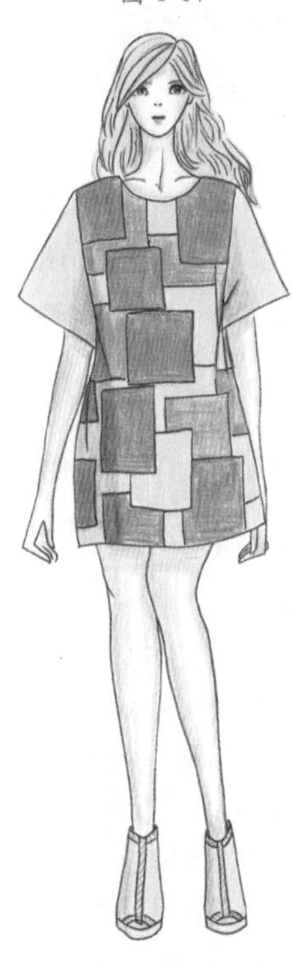

图 1-20

1.2 绘画工具

时装画并没有固定的绘画技术，而是常常采用各种不同的传统绘画手法来创作。彩色铅笔与马克笔是设计师们十分喜欢的绘画工具，因其携带方便、使用快捷，所以适用于快速时装画的记录与表现。水彩与水粉工具携带则相对麻烦些，但是由于这两种工具的色彩极其丰富，表现手法多样，效果生动，因此也成了时装画家们常用的表现工具。

1.2.1 绘画纸

绘画纸，供水彩画、铅笔画和木炭画等的绘图用纸。而在选择绘制时装画的绘画纸的时候，大部分人都会选择使用水彩纸（图 1–21）。因为水彩纸是比较耐摩擦的纸，在绘画时用橡皮擦，也不易起毛球，同时具有较好的耐水性能，在画水彩画时，也不致有扩散现象。

图 1-21

水彩纸有很多种，价格便宜的吸水性差，价格昂贵的保存色泽时间久。依其组成纤维不同，水彩纸分为棉质和麻制两种。如要画细致的主体，一般会选用麻制厚纸，这种水彩纸往往也是精密水彩插画用纸。如果要表达淋漓流动的主体，要用到水彩技法中的重叠法时，一般会选用棉质纸，因为棉吸水快，干得也快，唯一缺点是时间久了会褪色。

1.2.2 铅笔和橡皮

铅笔和橡皮是我们在绘制时装画效果图上色前必须用到的绘画工具。铅笔用于绘制时装画线稿，橡皮用于擦掉绘制线稿时出现的错误。

1. 铅笔

铅笔按照工艺分类，可以分为自动铅笔和传统铅笔。

自动铅笔（图 1–22）顾名思义，即不用卷削，能自动或半自动出芯的铅笔。其笔芯直径大小不一，粗芯的自动铅笔，笔芯直径大于 0.9mm；细芯的自动铅笔，笔芯直径小于 0.9mm。

传统铅笔（图 1–23），是一种用来书写或画素描用的笔类，已有四百多年的历史。其中，绘画素描的铅笔分为诸多类型。传统铅笔一般以铅芯硬度作为分类标志，一般用“H”表示硬质铅笔，用“B”表示软质铅笔，用“HB”表示软硬适中的铅笔，用“F”表示硬度在 HB 和 H 之间的铅笔。由软至硬的排序为：9B、8B、7B、6B、5B、4B、3B、2B、B、HB、F、H、2H、3H、4H、5H、6H、7H、8H、9H、10H 等。

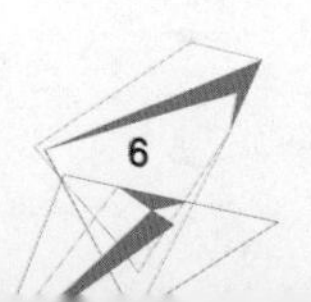

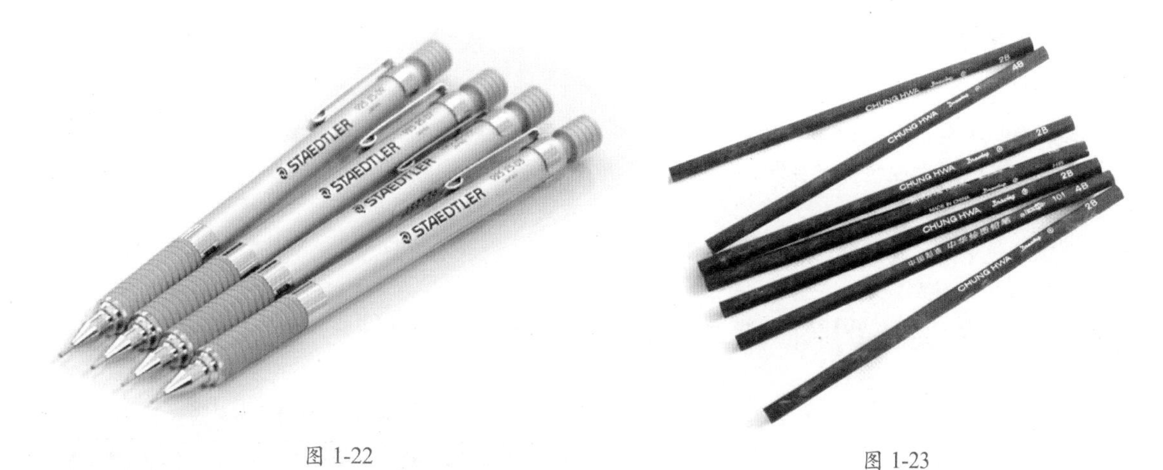

图 1-22　　图 1-23

B 前面的数字越大，表示铅笔芯越软，颜色越黑。H 前面的数字越大，表示它的铅笔芯越硬，颜色越淡。

2．**橡皮**

铅笔芯是由石墨混合黏土制成的。石墨质软、色黑，容易附着在纸上，所以能写字、画画。橡皮很软，摩擦力大，又有些黏性，在纸上轻擦，能把写上去的字迹粘走，又不会损伤纸面。所以橡皮擦是在使用铅笔绘制时装画线稿时必备的修改工具。

橡皮的种类比较多，我们在绘画时，常用到的有两种：棕色橡皮擦和软橡皮。

棕色橡皮擦也称为橡胶橡皮，用柔软而粗糙的橡胶制成（图 1–24）。它的设计方便于擦除大面积的痕迹，而且不会弄破纸张，但这种橡皮擦并不能很有效地、准确地擦除笔迹，常被用于 2B、4B 等铅笔绘图。

软橡皮，它主要由一种灰色的物料制成，且与树胶相像（图 1–25）。它的强度使它不会留下残渣，故其寿命比其他橡皮擦要长。它以吸收石墨的方法去掉笔迹。这种橡皮擦不仅可擦去笔迹（事实上它能准确地去除笔迹），它还可以用作突出重要部分或使作品更为细致。然而，它不善于去除大面积的笔迹，而且若过度受热便会弄脏甚至粘住纸张。 这类橡皮多用于素描画。

图 1-24

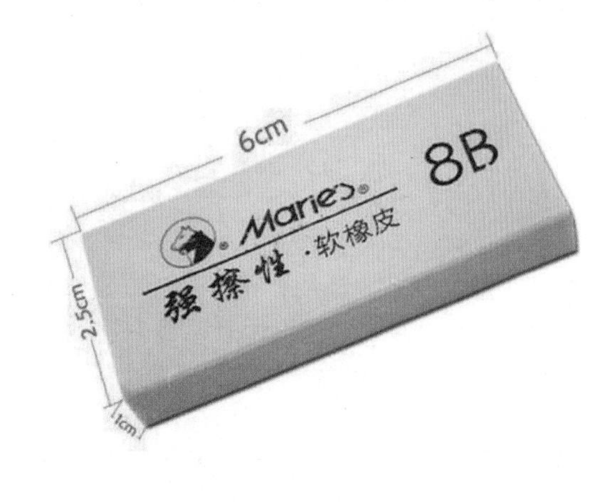

图 1-25

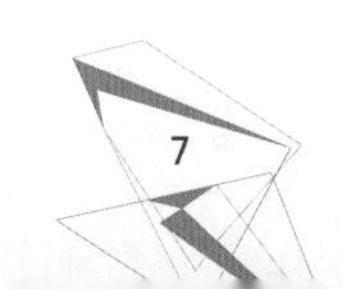

1.2.3 马克笔

马克笔（图 1–26）基本可分为油性与水性两种。油性马克笔快干、耐水，而且耐光性也相当好，颜色多次叠加不会伤纸，柔和、覆盖力较强。水性马克笔则是颜色亮丽有透明感，可以通过叠加来增强色彩，也可以通过白色减低色彩，形成渐变。但多次叠加颜色后会变灰，而且容易损伤纸面。

马克笔按笔尖形状，可分为极细马克笔、细头马克笔、粗型扁头马克笔和软笔等。可以根据笔尖的不同角度，画出粗细不同的线条效果来。

马克笔具有作画快捷、色彩丰富、表现力强等特点，利用马克笔的各种特点，可以创造出多种风格的时装画来。另外钢笔等工具也是绘制马克笔时装画的重要辅助工具。图 1–27 为时装画常用的 168 色油性马克笔色卡。

图 1-26

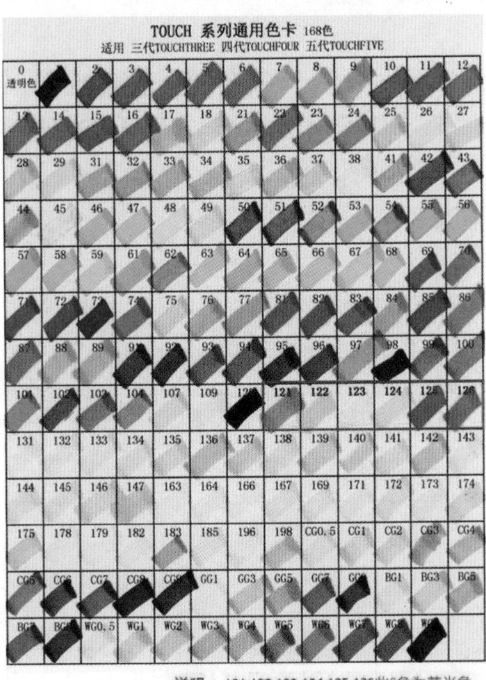

图 1-27

1.2.4 彩铅

彩铅分为普通彩色铅笔和水溶性彩色铅笔。普通彩色铅笔，色彩极其丰富，笔芯较硬，能够刻画生动的细节，其色彩有 500 种之多。水溶性彩色铅笔，色彩较少，但是笔芯柔软，着色较强，沾水之后色彩会更加艳丽（图 1–28）。

我们在利用彩色铅笔绘制时装画时，也可以借助毛笔（用以蘸水涂抹）、炭笔（绘图强调）、钢笔（勾勒线条）等作为辅助工具。图 1–29 为彩铅色卡，其中水溶性彩铅在绘制时装画时会被经常用到。

图 1-28

各品牌色号转换表

	马可雷诺阿油性48色	辉柏嘉经典48色	辉柏嘉水溶48色	酷喜乐水溶48色
白	01 白色	301 白色	401 白色	1 白色
黄色系	21 浅黄	304 浅黄	404 浅黄	41 淡黄
	25 柠檬黄	307 柠檬黄	407 柠檬黄	2 柠檬黄
	19 中黄	309 中黄	409 中黄	3 中黄
	22 桔黄			28 土黄
	16 橙黄	314 黄橙	414 桔黄	4 黄橙
	18 桔红			46 红橙
	23 橙色	316 红橙	416 红橙	5 橙红
红色系	46 朱红	318 朱红	418 朱红	6 朱红
	33 淡红			
	31 大红	321 大红	421 大红	48 大红
	11 深红	326 深红	426 深红	7 深红
	38 曙红	327 曙红	427 曙红	
	36 玫瑰红	325 玫瑰红	425 玫瑰红	
	71 桃红	329 桃红	429 桃红	10 玫瑰红
	70 粉红	319 粉红	419 粉红	
				8 枣红
	75 肉色	330 肉色	432 肉色	9 肉色
			430 肉红	
蓝色系	58 普蓝	344 普兰	444 普兰	17 孔雀蓝
	50 群青	343 群青	443 群青	54 群青
	55 深蓝	351 深蓝	451 深蓝	19 普蓝
				18 蓝色
	77 钴蓝	349 钴蓝	449 钴蓝	57 钴蓝
	51 天蓝	347 天蓝	447 天蓝	16 天蓝
	14 浅蓝	354 浅蓝	454 浅蓝	15 浅蓝
		345 湖蓝	445 湖蓝	53 深蓝
		353 藏青	453 藏青	20 藏青
紫色系	09 紫灰	339 粉紫	439 粉紫	
	39 紫红	333 红紫	433 红紫	11 红紫
	56 葡萄紫	334 紫红	434 紫红	12 紫红
	59 紫罗兰	335 青莲	435 青莲	14 青莲
	57 紫色	337 紫色	437 紫色	13 紫色
	91 蓝紫	341 深紫		51 深紫
绿色系	68 浅绿	361 青绿	461 青绿	21 蓝绿
	62 粉绿	362 翠绿	462 翠绿	24 青绿
	66 绿色	359 草绿	459 草绿	25 草绿
	60 草绿	366 嫩绿	466 嫩绿	23 嫩绿
		370 黄绿	470 黄绿	22 黄绿
	61 深绿	363 深绿	463 深绿	59 翠绿
		357 蓝绿	457 蓝绿	26 深绿
	63 橄榄绿	372 橄榄绿	472 橄榄绿	27 橄榄绿
			473 军绿	63 军绿
褐色系	27 黄褐	383 土黄	483 土黄	29 黄褐
	44 熟褐	376 褐色	476 熟褐	68 褐色
	79 黄赭	387 黄褐	487 黄褐	32 浅褐
	42 赭石			30 红赭
	45 红赭	378 赭石	478 赭石	31 赭石
	43 红褐	392 熟褐	492 红赭	
	40 深褐	380 深褐	480 深褐	33 深褐
灰色系	73 淡蓝灰			
	88 浅灰	395 浅灰	495 浅灰	69 浅灰
	72 蓝灰	396 灰色	496 灰色	34 蓝灰
	81 灰色	397 深灰		35 灰色
	74 深灰			71 深灰
黑	10 黑色	399 黑色	499 黑色	36 黑色
其他		348 银色	448 银色	
		352 金色	452 金色	

图 1-29

1.2.5　水彩颜料

水彩给人的感觉有两种，一种是给人“水”的感觉，非常流畅和透明；另一种是给人“色彩”的感觉，各种不同的色彩，刺激我们的大脑，给我们不同的感受，就像多姿多彩的世界一样。简单来说，水彩就是水与色彩的融合（图 1–30）。

图 1-30

按特性一般分为透明水彩和不透明水彩两种，即水彩和水粉。

水彩一般称作水彩颜料。透明度高，色彩重叠时，下面的颜色会透过来。色彩鲜艳度不如彩色墨水，但着色较深，即使长期保存也不易变色。

水粉又称广告色，是不透明的水彩颜料。可用于较厚的着色，大面积上色时也不会出现不均匀的现象。下图为绘制时装画时常用的 24 色水彩颜料色卡（图 1–31）。

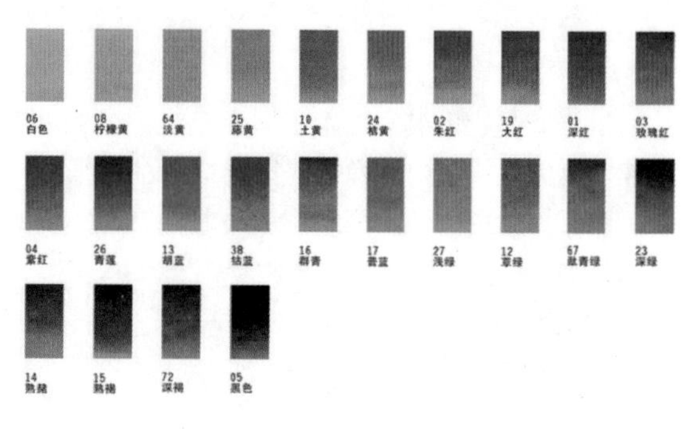

图 1-31

1.2.6　毛笔

毛笔是一种源于中国的传统书写工具，也逐渐成为传统绘画工具（图 1–32）。在利用毛笔绘制时装画时，主要用于时装水彩画的上色。根据笔头的不同形状，毛笔可分为尖头画笔、平头画笔、扇形画笔等。动物毛质地柔软、弹性好，是水彩画笔的良好选择。

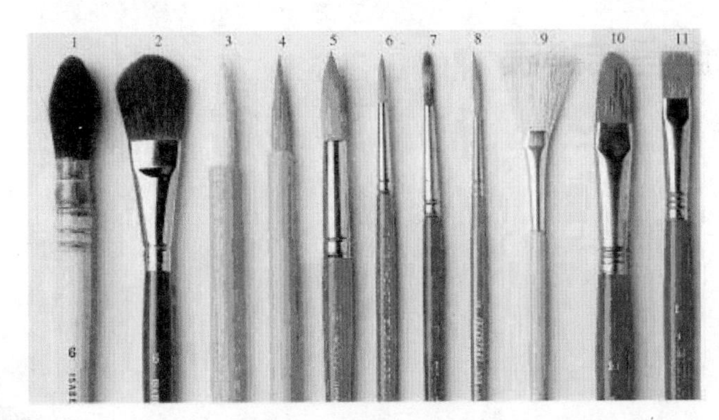

图 1-32

1.2.7 勾线笔

勾线笔线条较细，笔头有大小长短之分。常用于时装画线稿的勾勒或细致部位的表现（图 1–33）。同时细笔头的毛笔，也被称为勾线笔（图 1–34）。

图 1-33

图 1-34

1.2.8 高光笔

高光笔是在时装画中突出服装高光部分的好工具。高光笔的覆盖力强，其构造原理类似于普通修正液，笔尖为一个内置弹性的塑料或者金属细针（图 1–35）。一般有 0.7、1.0 和 2.0 三种规格，有金、银、白三种颜色。使用高光笔书写时微力向下按即可顺畅出水。

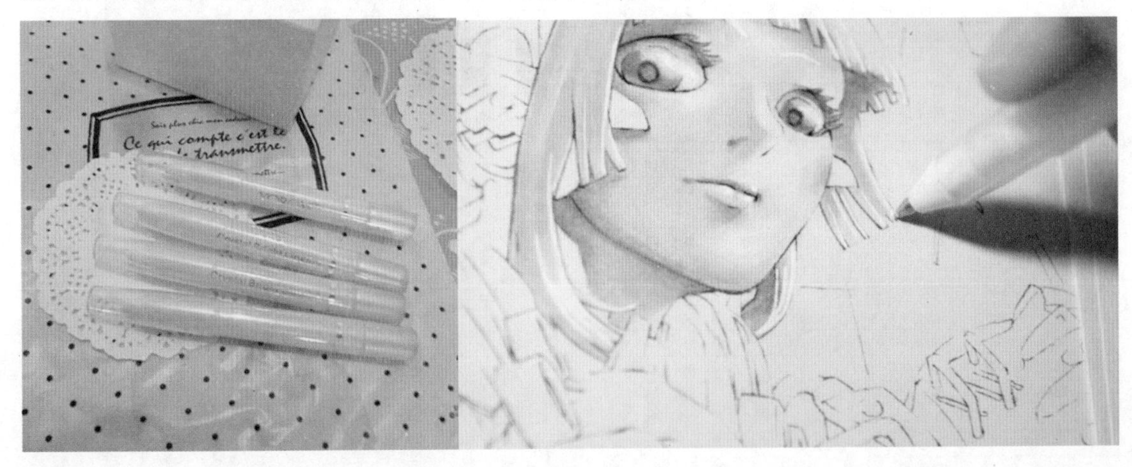

图 1-35

第2章 时装画人体表现

时装画是体现服装设计的一种艺术形式，既不完全模仿正式的写实创作，也不是绝对抽象的想象画面。时装画是依托现实规律，根据设计师的创意思维，表现服装与人体关系的一种绘画。所以先要对人体的结构和比例有所了解，才能绘制出更理想的时装画。

2.1 人体结构和比例

人体绘画是学习时装画最重要的基础，无论是接近正常人体比例的商业时装画，还是加入夸张变形元素的创意时装画，人体结构都是关键。变形与夸张必须是在遵循人体结构的基础上进行的，不准确的结构会严重影响作品的品质。

2.1.1 人体结构

绘制人体模特，先要简单地了解人体的结构。人体结构分为四大部分：头部、躯干、上肢和下肢。人体的组合是均匀协调的，整体与部分之间、部分与部分之间存在着和谐的比例关系。

人体每个部分的运动都遵循一个不变的弧线轨迹，手臂的抬举，腿部的伸缩，头部的旋转，包括整个身体的弯曲。侧拉、前俯后仰，都在某个弧线轨迹上进行（图 2–1)。

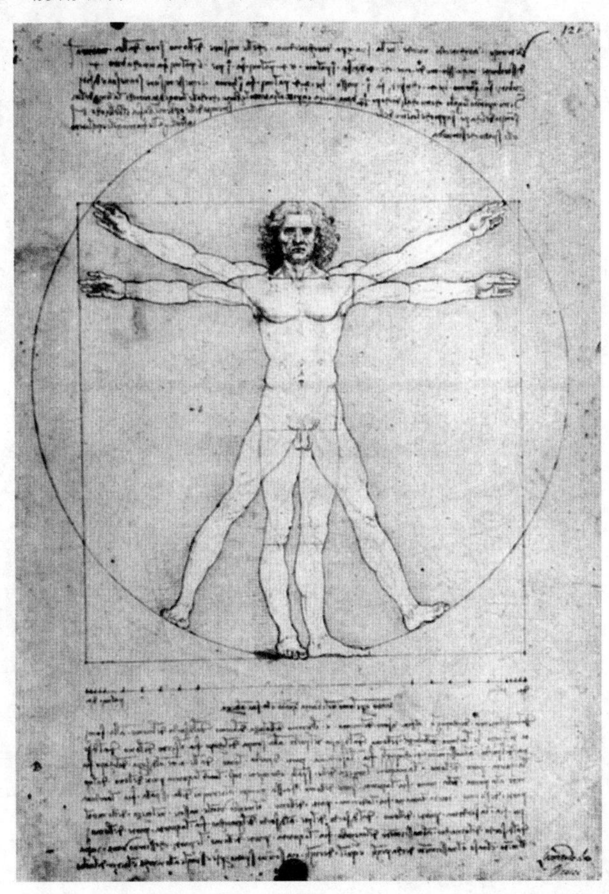

图 2-1

所以，在画人体模特时，一定要注意运动的轨迹和动作的合理性，避免画出的模特在结构上出现偏差甚至畸形。

然而，绘制时装画中的人体，一方面必须根据人体基本结构进行，另一方面需要考虑到绘画的艺术性和美感而对人体进行一定的夸张变形。

目前时装画人体的变形趋势大致有两点，一是夸张头身比例，让女性显得纤细修长，男性显得伟岸挺拔；二是将细节结构夸张艺术化，例如重点刻画女性的眼睛及睫毛等。这些变形使时装画中的人体表现得更加唯美浪漫。

2.1.2 男性人体比例

以头为标准，男性人体一般为七个头长，但对于时装画而言，更倾向于设定一个大致的理想比例。所以在绘制男性人体模特时，一般表现为九个头长（图 2–2），以体现人体的修长感。另外男性人体的肩部要比臀部稍宽。这点是我们在绘制男性人体模特时要注意的。

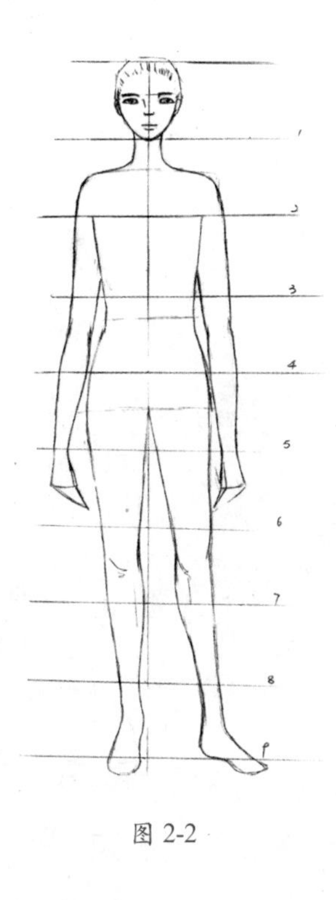

图 2-2

2.1.3 女性人体比例

女性人体的正常头身比为 1:7（图 2–3），在时装画中，为了更好地表现女性的修长柔美，一般将头身比例夸张为 1:9（图 2–4）。当然在部分注重创意表现和画面艺术性的时装画中，更加夸张的比例也有出现，例如修长的 1:11 或者刻意卡通化的 1:6。

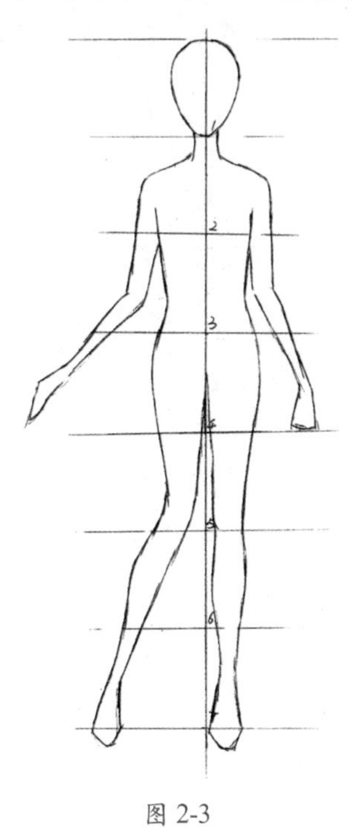

图 2-3

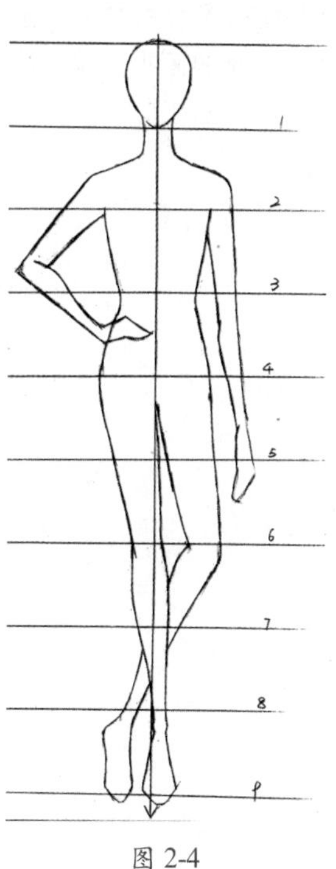

图 2-4

2.2 人体局部表现

对于初学者而言，也许不能够一开始就画出令人满意的人体。所以我们可以先对人体的几个重要部位进行强化训练后，再来刻画整个人体，这样就比较容易了。

2.2.1 头部

头部主要包括眼睛、眉毛、嘴巴、鼻子、耳朵和头发。

1. 头部结构

头部结构，大致划分为面部和脑勺两个部分，只要正确表示出这两个部分的结构，即能刻画出正确的头部。

※ 侧面

以人物正面头部为基准，画出眉线的高度及中心线，然后再刻画头部侧面（图 2–5）。绘制时注意头部及五官的透视。

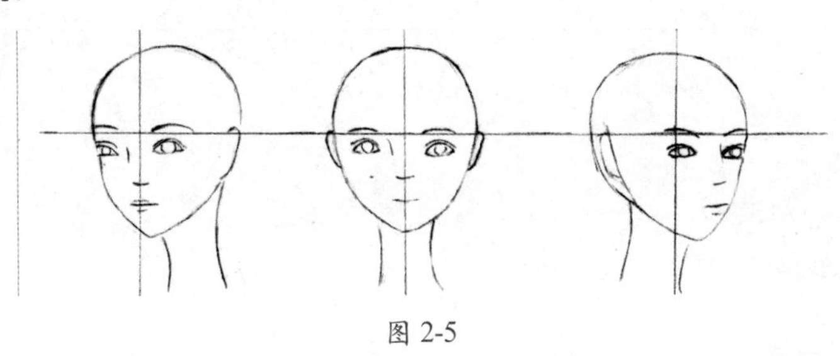

图 2-5

※ 俯视及仰视

同样是以人物正面为基准，画出眉线及中心线，然后再刻画头部的俯视及仰视（图 2–6）。绘制时注意头部及五官的透视。

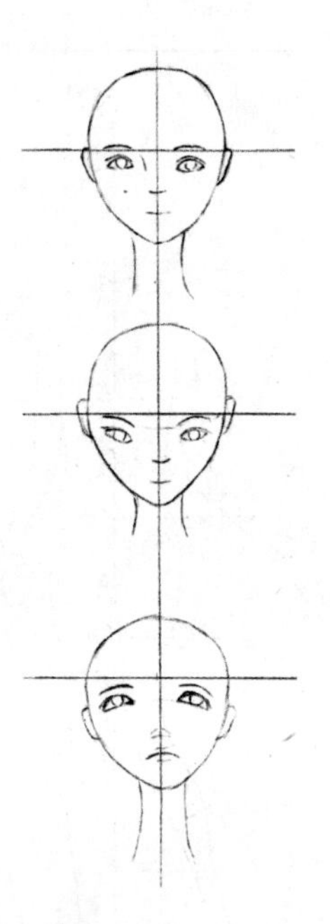

图 2-6

2. 发型

在刻画人物发型时，先刻画出头发的外形，然后再给头发刻画层次。

人物发型的刻画分为四个步骤。

01 画出发型外形轮廓（图 2–7）。

02 刻画头发内部层次（图 2–8）。

03 刻画出头发的发丝（图 2–9）。

04 加深头发外部的轮廓线条，突显头发整体的立体感（图 2–10）。

图 2-7　　图 2-8　　图 2-9　　图 2-10

人物发型是千变外化的，发型不一样，表现出来的人物效果不一样。我们在绘制人物发型时，可以根据服装需求进行发型刻画。

不同的发型表现如下。

短发：

图 2-11

图 2-12

盘发：

图 2-13

长发：

图 2-14

图 2-15

发辫：

图 2-16

图 2-17

2.2.2 五官

人物的五官以眉心为中心线呈左右对称状态（图 2–18），而在画不同角度的透视时，遵循近大远小的基本原理。要注意，眼睛与嘴唇不能简单地看作平面状，而应该将其看作是镶嵌在面部的独立半球体。

在绘制人体的五官前，应当先了解五官三庭五眼的比例（图 2–19）。

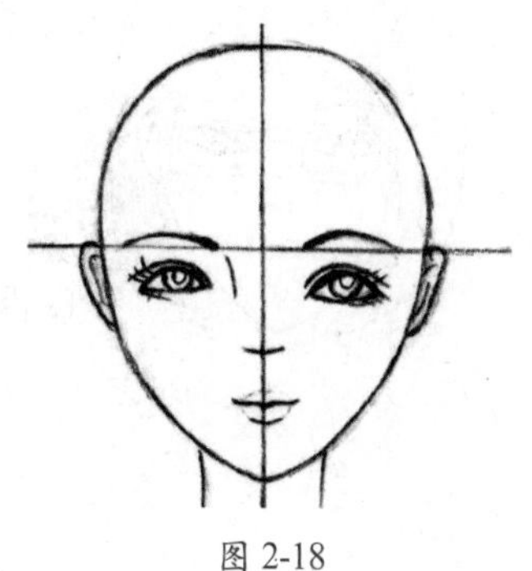

图 2-18

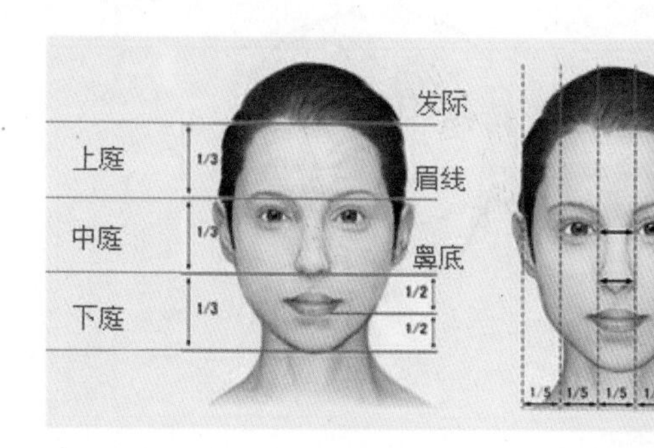

图 2-19

三庭：从发际线到下巴的位置可以将面部纵向平均分为三等份，即三庭。从发际线到眉线的位置为上庭，眉线到鼻底为中庭，鼻底到下巴为下庭，而嘴部的下唇边又将下庭平均分为两等份。

五眼：以两只眼睛的宽度作为单位，可以将面部横向分为五等份，即五眼。从左边脸颊到左眼外眼角为一个眼宽，左右眼睛的内眼角距离为一个眼宽，同时从右边脸颊到右眼外眼角也为一个眼宽。

1. 眼睛

眼睛的结构主要包括外眼角、内眼角、上眼线、下眼线、上眼睑、下眼睑、上睫毛、下睫毛、眼

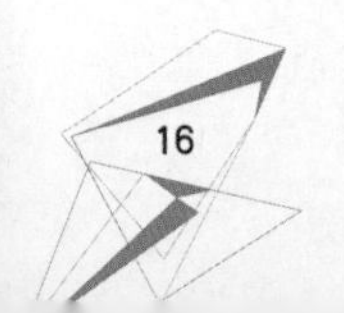

白、虹膜、瞳孔及泪腺。刻画人物的眼睛具体可以分为四步。

01 画出眼眶轮廓（图 2–20）。

02 然后刻画眼部结构，包括上眼皮、眼球、瞳孔、泪腺等。在刻画眼角的时候需要注意，内眼角略微向下，外眼角略微向上（图 2–21）。

03 加深上眼皮的颜色，涂出眼球暗色部分，瞳孔为黑色，可以格外涂深一点。高光部分适当留白，表现出眼部的立体感（图 2–22）。

04 画出上睫毛和下睫毛。刻画睫毛的时候，用弧线表示，突显睫毛的上扬感。睫毛粗细长短也可以用不同幅度的线条表示，显得眼部更为真实（图 2–23）。

图 2-20　图 2-21

图 2-22　图 2-23

刻画半侧面和侧面眼部和刻画正面眼部的步骤一致。

半侧面：

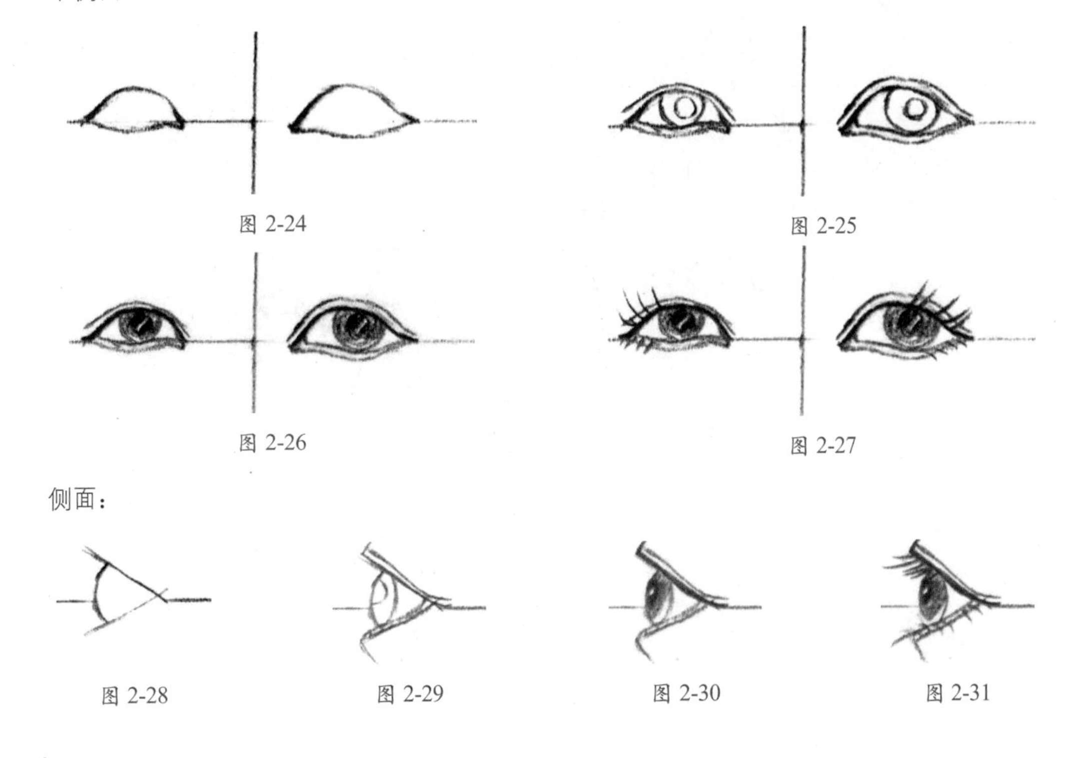

图 2-24　图 2-25

图 2-26　图 2-27

侧面：

图 2-28　图 2-29　图 2-30　图 2-31

2. **鼻子**

鼻子的结构主要包括鼻根、鼻梁、鼻骨、鼻软骨、鼻尖、鼻翼、鼻孔和鼻中。在绘制服装效果图时，通常会省略部分结构，使画面越简单越好，有时会用两个点表示鼻子，再通过颜色绘制出鼻子的立体效果。

刻画时装画中人物鼻子的时候，我们可以采用较为简洁的勾画轮廓的方式表现。先刻画出鼻翼，然后刻画出鼻孔即可（图 2–32）。

图 2-32

3．嘴部

嘴唇主要是由上唇、下唇、唇峰、唇珠、唇谷和唇角构成的。服装效果图中的嘴唇的画法也同样是越简单越好。

在刻画人物嘴部的时候，先画出嘴唇的闭合线，然后刻画上嘴唇及下嘴唇。由于上嘴唇和下嘴唇交界处属于光线的暗部，所以在刻画嘴部的时候，可以把嘴唇闭合线的颜色加深，以突显嘴部的立体感。

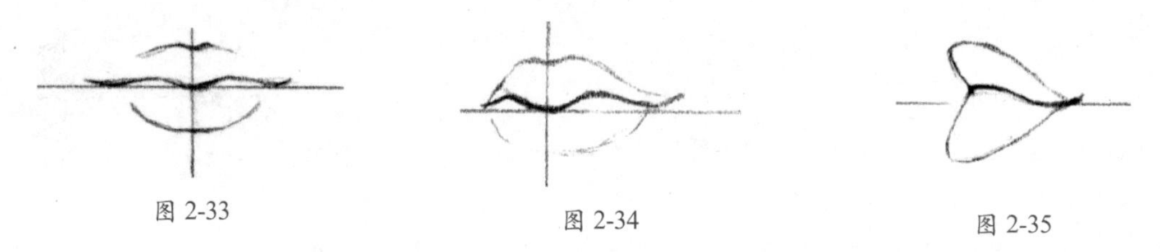

图 2-33　　图 2-34　　图 2-35

4．耳朵

耳朵主要包括耳轮、耳垂、耳屏、对耳轮、对耳屏、耳甲腔和耳轮脚等，是五官中最容易被人忽略的地方，因为其位于头部的两侧，有时又被头发遮住。在绘制耳朵时通常先画出外轮廓线，再画几根有代表性的内部结构线就可以了，这样就能简洁明了地表达出耳部的结构（图 2–36）。

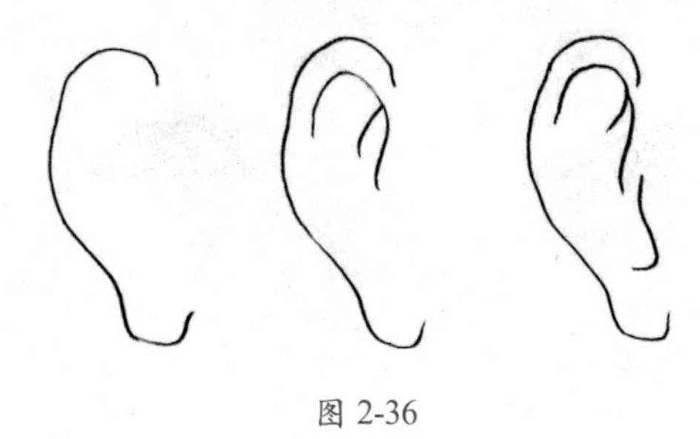

图 2-36

2.2.3 手部

手部主要包括了手臂和手掌两部分。

1．手臂

手臂是由上臂、肘部、下臂和手四部分组成的，刻画人的手臂分为两步。

01 先用细直线刻画出手臂的动态（图 2–37）。

02 用较为柔和的线条刻画手臂线条，画出手部细节（图 2–38）。

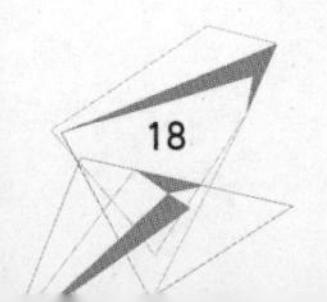

手臂的活动范围较大，肩部、手肘、手腕以及手掌各有不同的运动规律。手臂的屈伸表现如图2–39所示。

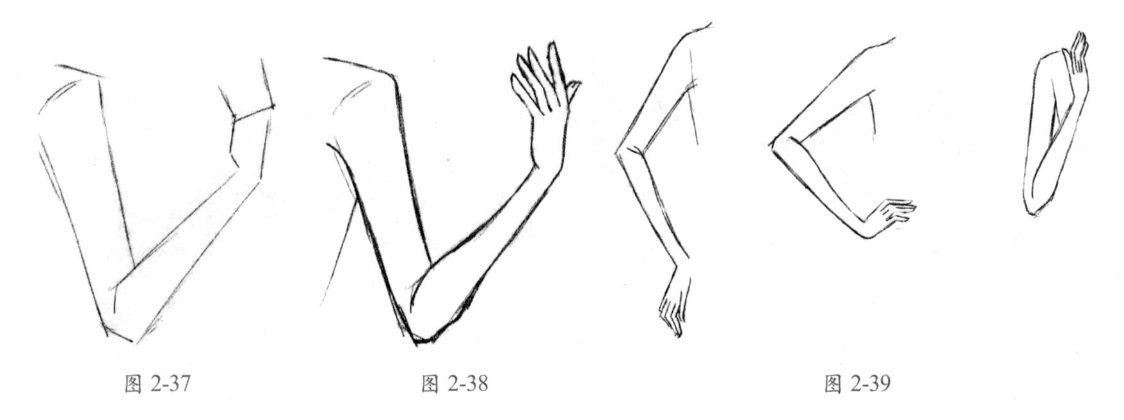

图 2-37　　图 2-38　　图 2-39

2．**手部**

手是由腕骨、掌骨和指节骨三部分组成的。画时装画时，手指部分需要适当加长，以表现手指的修长感。手部的绘画不但要符合结构，更要以流畅的线条和生动的手势为时装画加分。

刻画手部，分为三步。

01 刻画出手部动态。在刻画手部动态时，注意手部的结构。表现手部结构有一个方法，即以腕骨内侧凸点为中心，向指尖画放射线，以此确定手指的方向（图 2–40）。

02 根据所画的放射线，刻画出手指动态（图 2–41）。

03 擦去多余部分的线条，加深手部线条（图 2–42）。

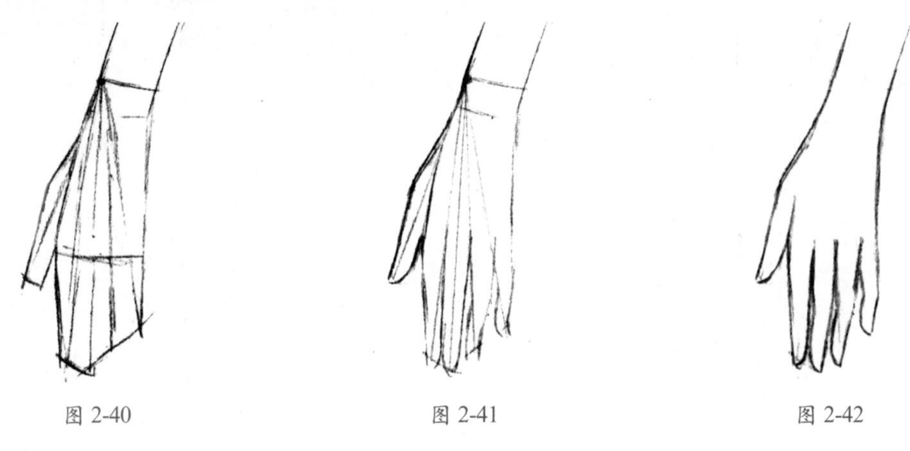

图 2-40　　图 2-41　　图 2-42

手部的几种常用动态表现（图 2–43）。

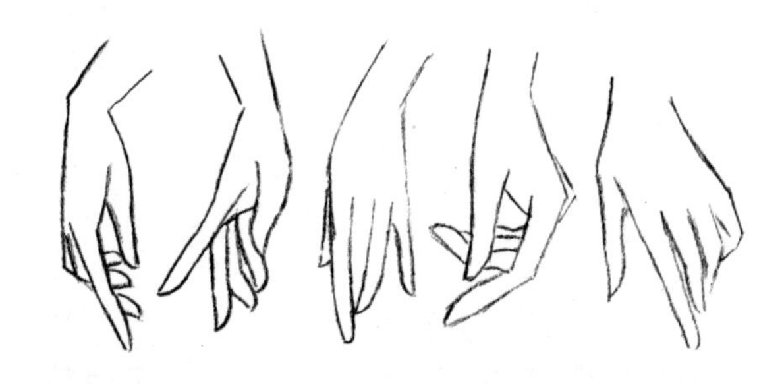

图 2-43

手与物体间的动态表现（图 2–44）。

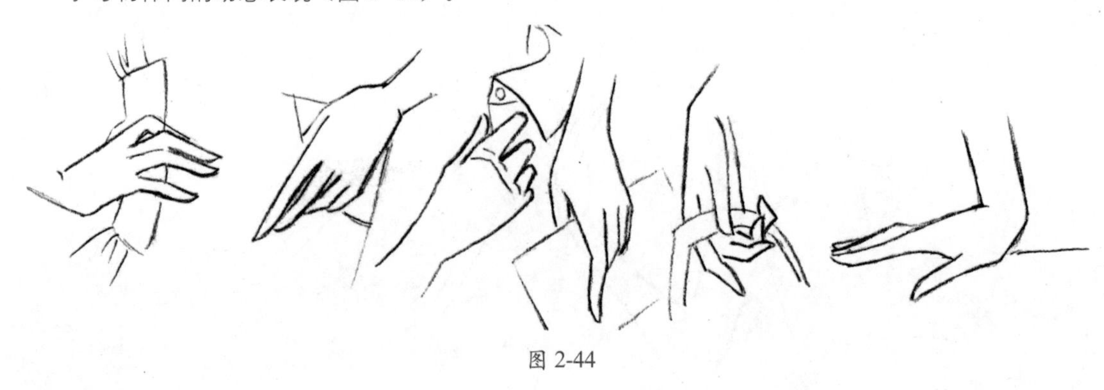

图 2-44

2.2.4 腿部

腿部主要包括了腿部和足部。

1. 腿部

腿分为大腿、膝盖、小腿和脚四个部分。我们在刻画时装画人体的腿部时，应当使用光滑、弹性丰富的长线条来表现女性腿部修长柔和的特点。相较写实人体，将小腿略拉长，可以将腿部整体绘画得更加纤细。腿部的画法分为两步。

01 用线条归纳腿部的形态（图 2–45）。

02 用较为柔和的长线条刻画腿部线条（图 2–46）。

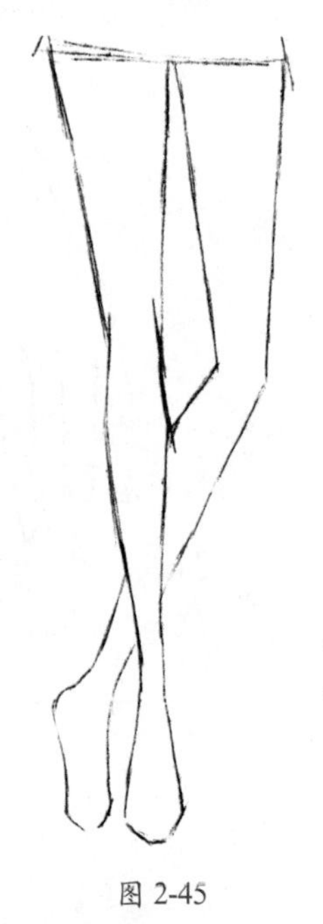

图 2-45

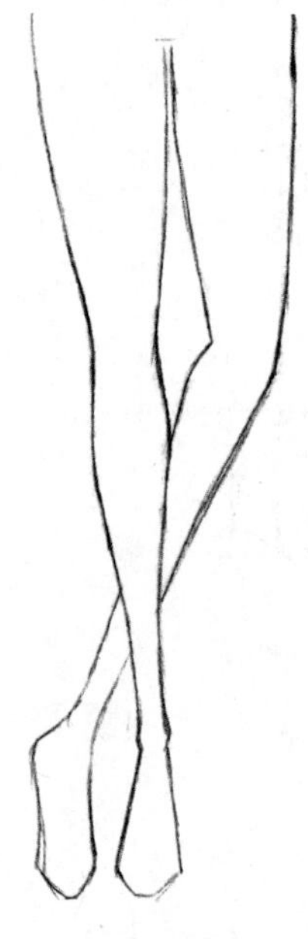

图 2-46

2. 足部

脚是由脚心、脚背、脚趾、脚后跟、脚踝和脚掌组成的。足部刻画，分为三步。

01 刻画出足部动态。在刻画足部动态时，注意足部的结构。表现足部结构方式与表现手部结构类似，以内侧足踝部位作为中心，向脚趾方向画放射线，找准脚趾位置（图 2–47）。

02 根据所画的放射线，刻画脚趾动态（图 2–48）。
03 擦去多余部分的线条，刻画足部细节（图 2–49）。

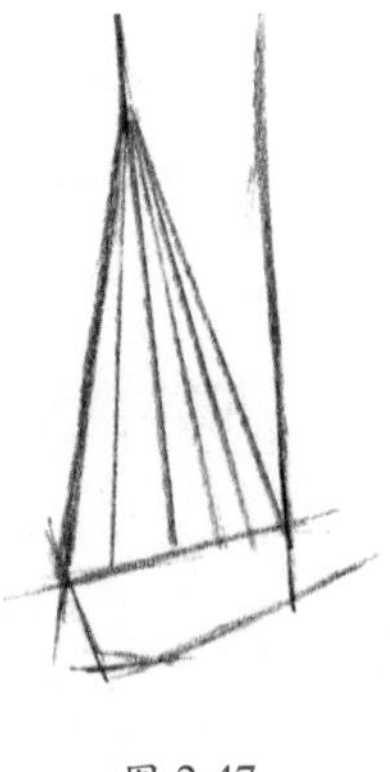

图 2-47

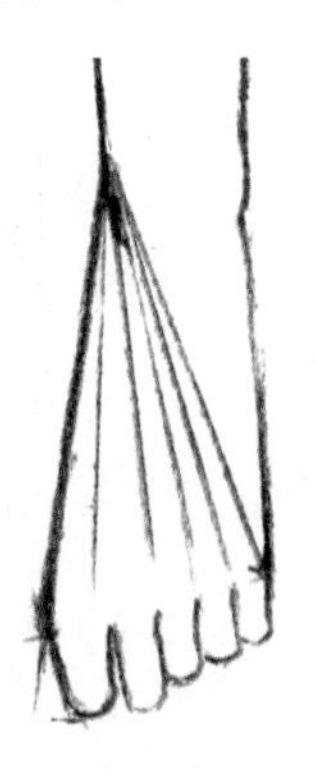

图 2-48

图 2-49

在时装画中，绘画脚部需要考虑鞋的高度。不同高度的鞋，会让脚背形成不同的高度。因此脚部形态也会发生变化。不同高度的鞋子与脚部的关系表示如图 2–50和图 2–51 所示。

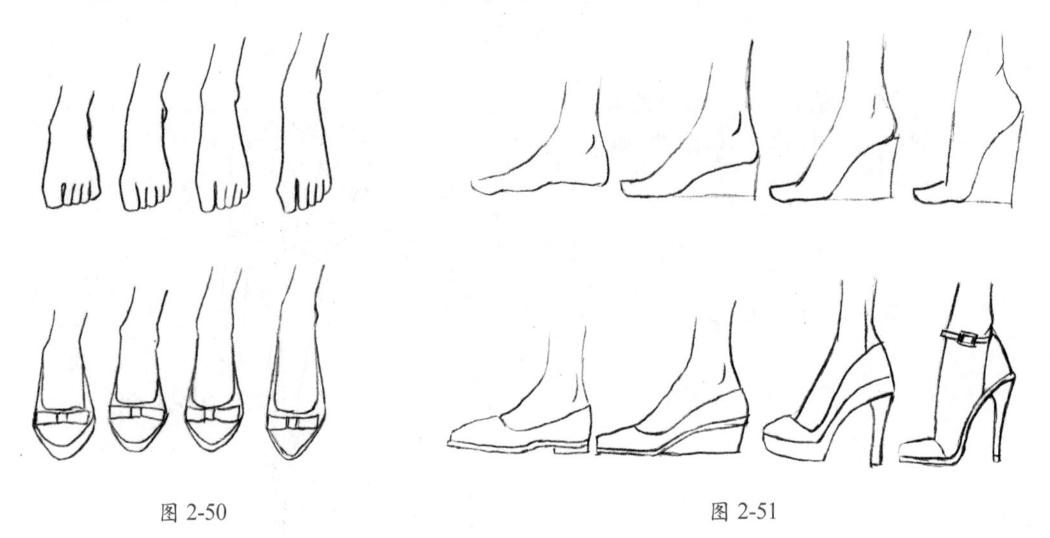

图 2-50　　图 2-51

2.3 人体动态

人在不同的情况下，会呈现出不同的动态。我们先从简单的人体正面、侧面、背面这三个基本的动态来学习绘制动态人体。

2.3.1 正面

刻画人体动态，最基本的不是怎么去临摹这些动态。如果要掌握人体动态的画法，一开始应当去了解两点，即人体的重心及透视。了解完这两点后，就能比较容易掌握人体动态的规律了。

1. 人体重心

为了保持重心与平衡，人体运动时，各个部位的关系会发生变化，因此我们可以通过颈窝做垂直于地面的直线，以此确定人体的重心（图 2–52）。

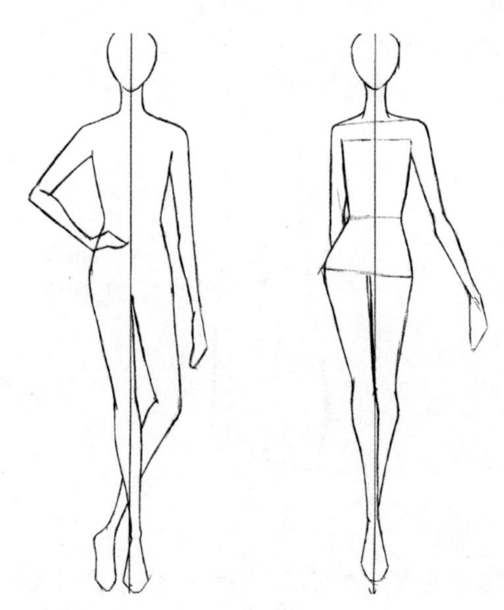

图 2-52

2．**人体透视**

学习人体透视最简单的方法是将复杂的人体分解成简单的体块，四肢可以看作圆柱体，胸腔和盆腔可以看作扁平柱体（图 2–53）。

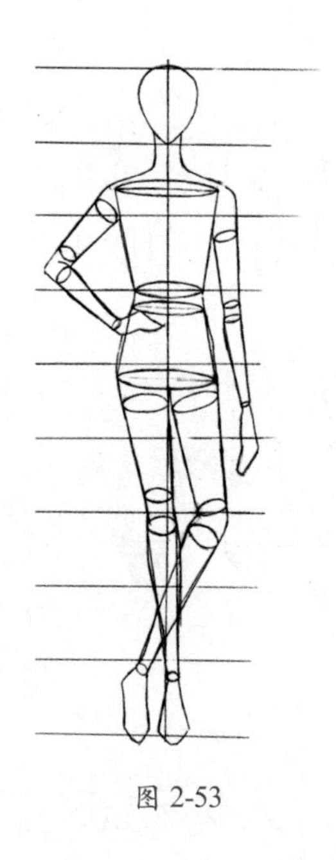

图 2-53

3．**人体画法**

初学者绘画时装画人体时，常常会找不准身体各部位的比例标准，在学习之初，我们可以将人体各个部位的基本比例先记录起来，按照一定的标准绘画，这样能够确保人体比例的准确性。

我们有两种绘制人体动态的方式。方式一，可以先用简单的体块表示人体结构，即之前所说用柱体体现人体透视，先画出轮廓与结构线，然后按照各个部位基本结构完成人体。方式二，直接用线条归纳人体各个部分的结构，再用较为柔和的线条完善人体。

女性正面人体绘画步骤如下。

01 直尺标出人体长度，将这个长度划分为九个等份，即九头身人体比例（图 2–54）。

02 刻画正面人体基本形态（图 2–55）。

03 刻画人体细节部分，五官、发型、手部、足部，即完成了人体正面的绘画（图 2–56）。

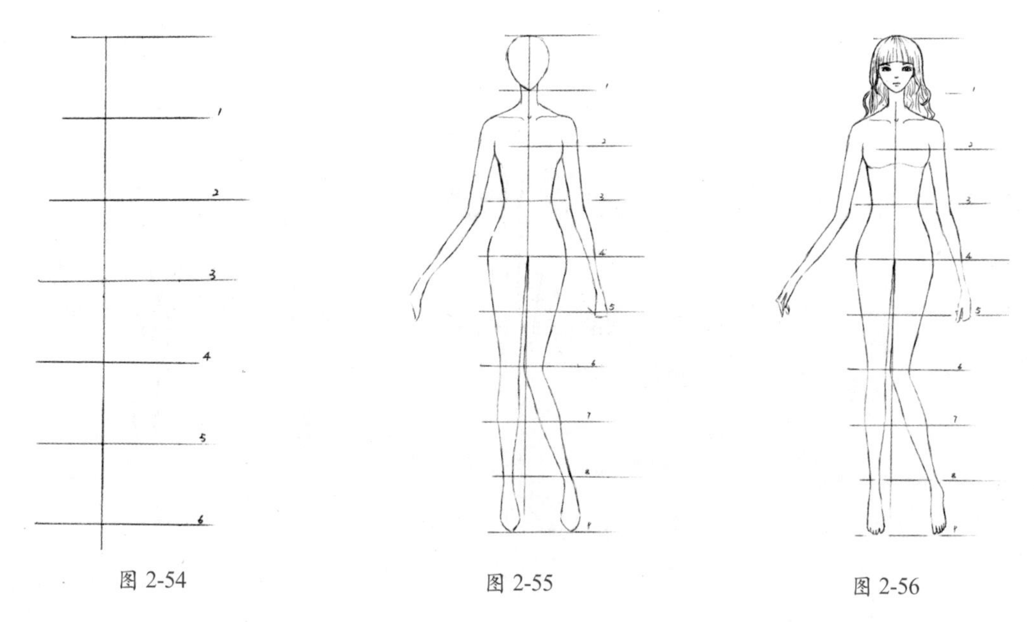

图 2-54　　图 2-55　　图 2-56

我们在绘制人体时需要注意的是，人体手掌一般占 1/2 头身、足部约为 3/4 头身。

男性正面人体绘画步骤如下。

01 绘制出人体体块（图 2–57）。

02 将绘制的人体体块连接成柔和的线条。然后绘制出头部、手部细节（图 2–58）。

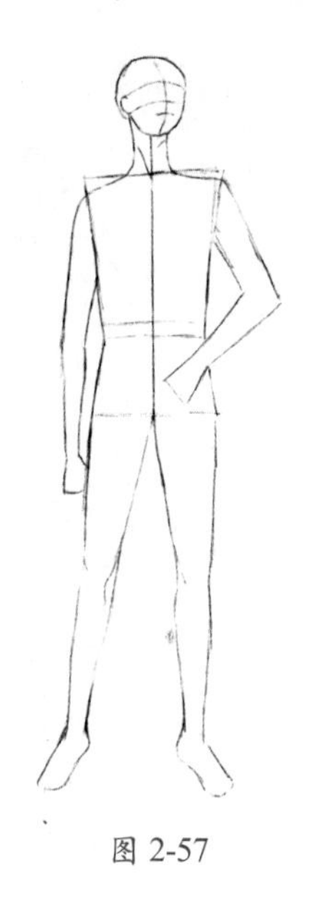

图 2-57

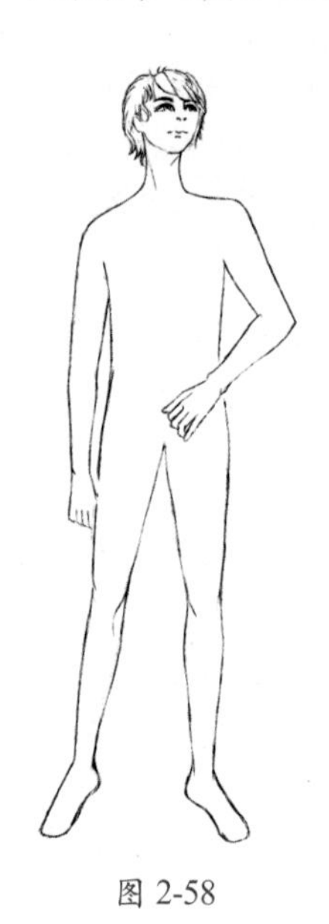

图 2-58

2.3.2 侧面

侧面人体绘画，分为三个步骤。

01 直尺标出人体长度，将这个长度划分为九个等份，即九头身人体比例（图 2–59）。

02 刻画侧面人体基本形态，注意人体透视（图 2–60）。

03 刻画人体细节部分，五官、发型、手部、足部，即完成了人体侧面的绘画。在绘制过程中注意五官的侧面表现（图 2–61）。

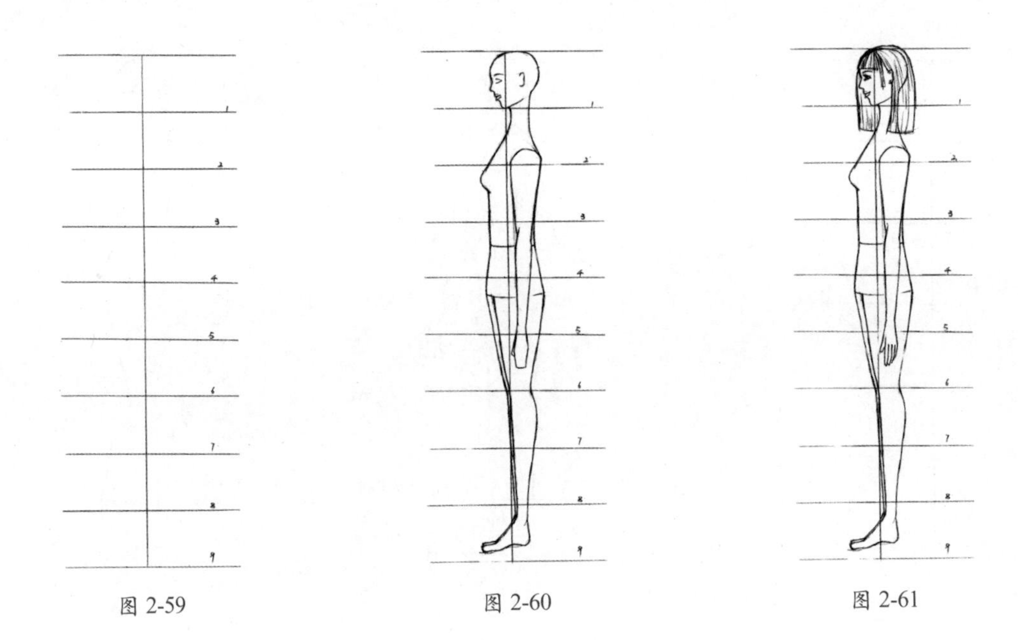

图 2-59　　图 2-60　　图 2-61

2.3.3 背面

背面人体绘画，分为三个步骤。

01 用直尺标出人体长度，将这个长度划分为九个等份，即九头身人体比例（图 2-62）。

02 刻画人体背面基本形态（图 2-63）。

03 刻画人体细节部分，包括发型、手部、足部，即完成了人体背面的绘画（图 2-64）。

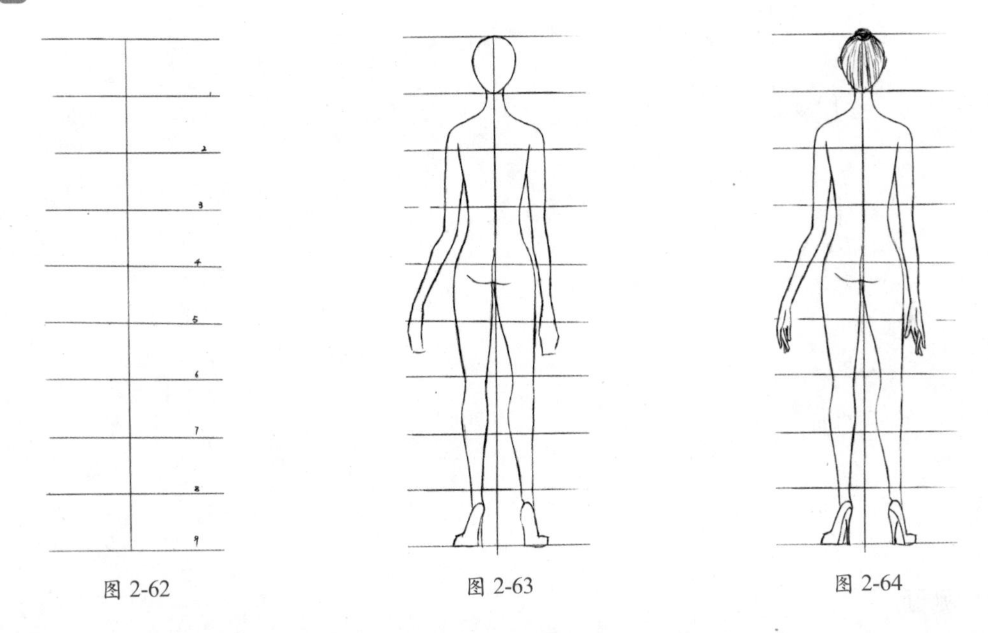

图 2-62　　图 2-63　　图 2-64

2.4 时装画常用人体动态

对于一些常用人体动态的画法，也是我们绘制时装画时要去掌握的，比如人体的站姿、走姿、坐姿等。我们在时装画中经常要用到的人体，可以通过先学会画，然后再通过加强练习的方式来掌握这些常用动态的画法。

2.4.1　站姿

各类人体的站姿表现如下。

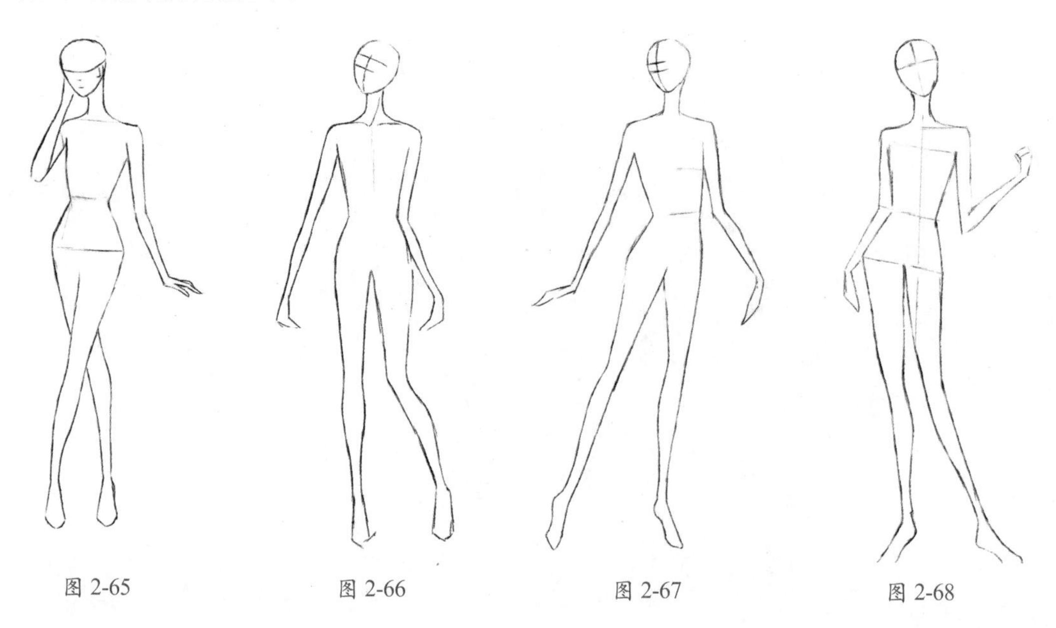

图 2-65　　图 2-66　　图 2-67　　图 2-68

2.4.2　走姿

刻画人体走姿的步骤如下。

01 长线条归纳出走姿动态（图 2–69和图 2–71）。

02 用线条柔和人体的体态（图 2–70 和图 2–72）。

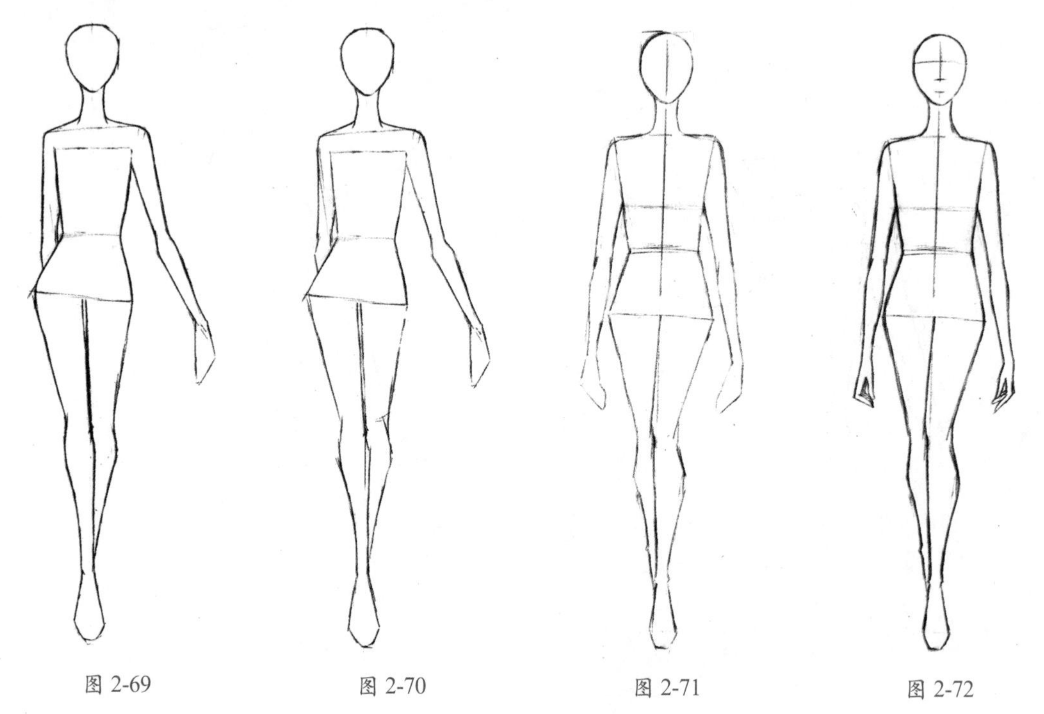

图 2-69　　图 2-70　　图 2-71　　图 2-72

我们在刻画人体走姿时，也可以将人体视为简单的体块，画出人体大致轮廓后，再完善人体线条（图 2–73）。

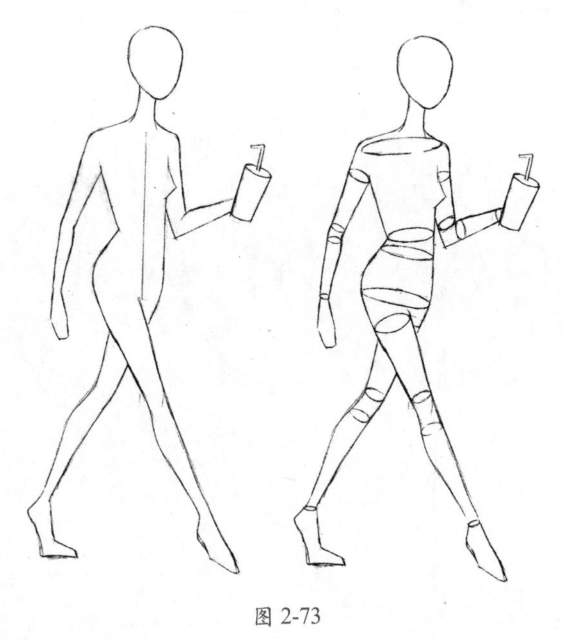

图 2-73

2.4.3 坐姿

人体坐姿的画法如下。

01 先归纳出人体整体结构，刻画出人体形态（图 2–74）。

02 修改人体形态，使人体线条更柔和饱满；刻画人体五官、发型、手部等细节（图 2–75）。

图 2-74

图 2-75

第2篇 提高篇

第3章 马克笔表现技法

马克笔是一种用途广泛的手绘工具，它的优越性在于绘制便捷、表现力强，如今已经成为广大服装设计师们必备的手绘工具之一。马克笔色彩丰富，通常分为几个系列来表现，包括红色系列、蓝色系列、黄色系列等，使用起来非常方便。

3.1 马克笔使用技法

我们在使用马克笔作画时，应当选用吸水性差、纸质结实、表面光滑的纸张来作画，比如马克笔专用纸、白卡纸等。

3.1.1 单色渲染

在使用马克笔进行单色渲染时，根据马克笔的笔头的不同，其渲染方式各异，其渲染效果也不一样，但由于是单色，在使用起来时，也会让人觉得色彩较为单一，层次、明暗感并不能够明显地表现出来。

方式一：用宽笔头轻涂，达到浅色渲染效果（图 3–1）；用宽笔头进行多次涂抹，达到深色渲染效果（图 3–2）。

方式二：用圆笔头轻涂渲染，达到浅色渲染效果（图 3–3）；用圆笔头进行多次涂抹，达到深色渲染效果（图 3–4）。

方式三：先用圆笔头进行渲染，然后用宽笔头进行覆盖，就呈现出较为明显的圆笔头痕迹（图 3–5）；或是先用宽笔头铺出底色，再用圆笔头涂抹，呈现出不太明显的圆笔头痕迹（图 3–6）。

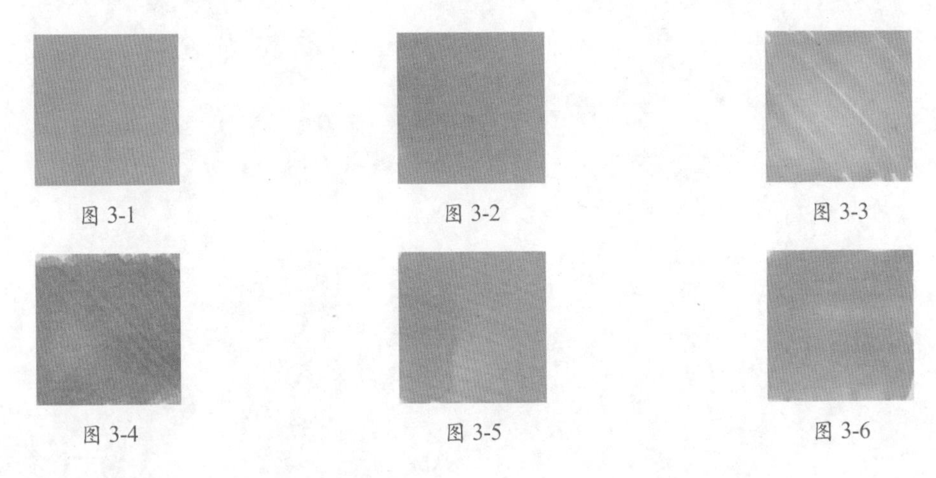

图 3-1　图 3-2　图 3-3

图 3-4　图 3-5　图 3-6

3.1.2 多色渲染

我们在进行多色渲染的时候，不管是用多少种颜色进行渲染，要记住的是，浅色总是会被深色覆盖掉。

双色渲染效果如图 3–7和图 3–8 所示。

使用太多种颜色进行重叠渲染，会使画面显得比较脏乱。多色重叠后的渲染效果如图 3–9和图 3–10 所示。

使用多色，不重叠的方式进行渲染，则会根据颜色的不同，让画面颜色显得丰富艳丽。多色不重叠的渲染效果如图 3–11 所示。

用某种色系作为底色，然后用其他颜色进行多色渲染效果，其实也是单色与底色进行双色渲染的效果（图 3–12）。这种有底色的渲染方式，为画面中的多种颜色定好了基调：底色越深，整个画面基调偏深；底色越浅，画面基调越接近马克笔的正常颜色。

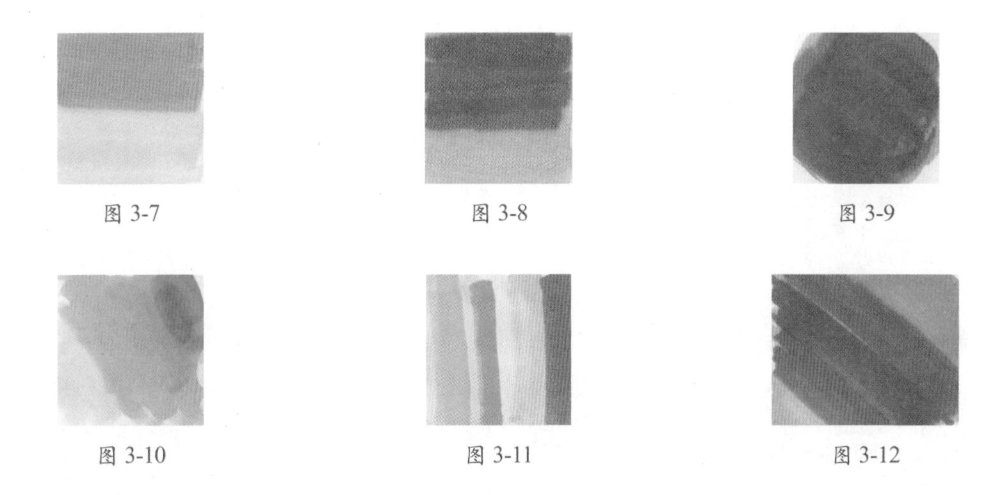

图 3-7　图 3-8　图 3-9

图 3-10　图 3-11　图 3-12

3.1.3　渐变渲染

马克笔不具有很强的覆盖性，淡色无法覆盖深色，所以在刻画渐变效果时，应该先从浅色开始绘制，然后再用深色进行覆盖，逐步地增加画面的细节及渐变效果（图 3–13 和图 3–14）。

图 3-13　图 3-14

我们在表现物体的明暗、层次时，经常会用到同色系的颜色进行渐变渲染，使物体呈现立体感。

3.1.4　线条处理

马克笔的笔触变化多样，在绘制服装效果图时，要注意马克笔的运笔方式及手部力度的掌控。马克笔的笔头有圆头和方头之分。

我们在使用时，可以通过调整画笔的角度和笔头的倾斜度，达到控制线条粗细变化的笔触效果。马克笔用笔要求速度快、肯定、有力度。

圆笔头线条表现效果如图 3–15和图 3–16 所示。

宽笔头较窄面线条表现效果如图 3–17和图 3–18 所示。

宽笔头较宽面线条表现效果如图 3–19和图 3–20 所示。

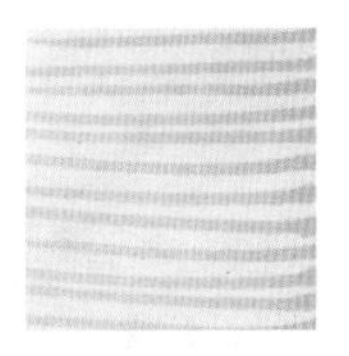

图 3-15

图 3-16

图 3-17

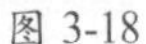

图 3-18

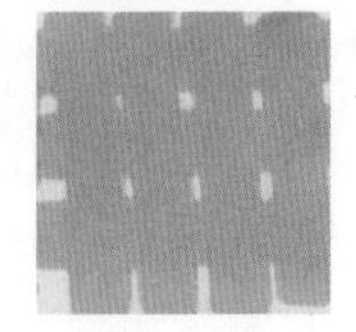

图 3-19

图 3-20

3.1.5 图案处理

马克笔不适合做大面积的涂染，需要概括性的表达，通过笔触的排列画出三四个层次即可。马克笔不适合表现细小的物体，如树枝、线状物体等，所以在用马克笔处理图案时，可以直接用想要的颜色，涂较大的图案的颜色，比如大的图案（图 3–21）、条纹（图 3–22）、格纹（图 3–23）、圆点（图 3–24）等。

图 3-21

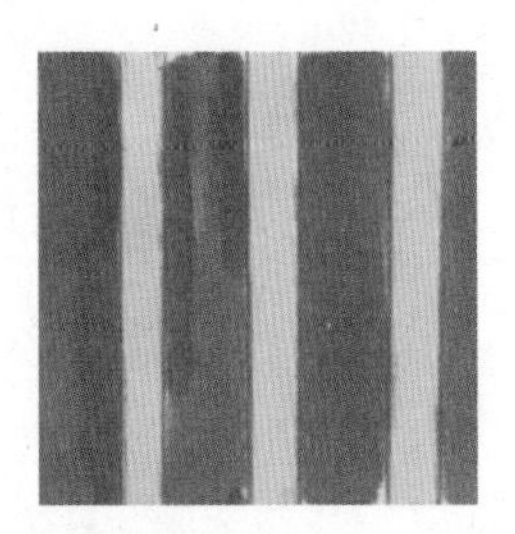

图 3-22

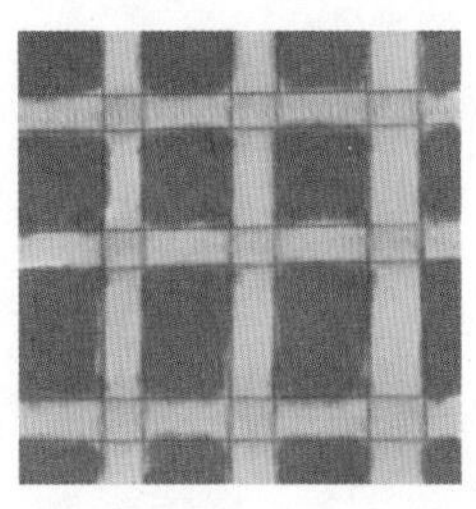

图 3-23

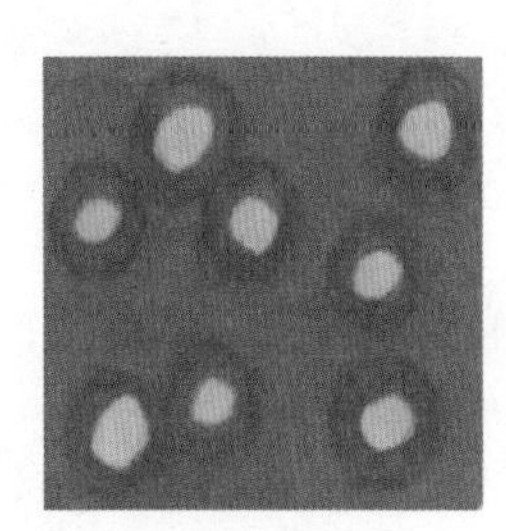

图 3-24

而如果要表现比较深的颜色图案时，可以直接在铺好的底色上进行图案刻画（图 3–25、图 3–26 和图 3–27）。

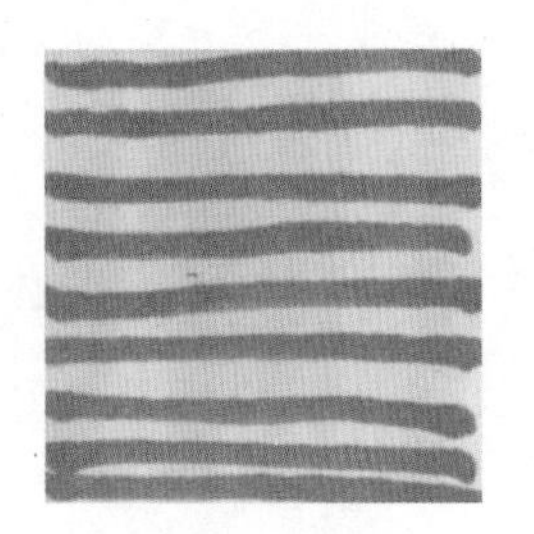

图 3-25

图 3-26

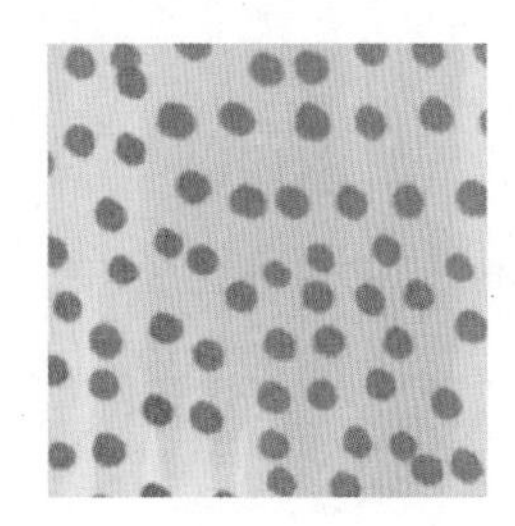

图 3-27

3.2 头部上色技法表现

头部主要包括发型和五官，所以这一节主要讲的就是用马克笔为人物的发型和五官上色的方法。在用到马克笔对人物头部进行上色时，应当注意马克笔的笔触。利用平涂的方式或利用马克笔不同的笔触为人物头部的发型及五官上色，表现出符合时装画要求的人物头部。

3.2.1 发型

发型是指头发的长度、颜色和形状，是肉眼所能观察到的，一般分为五种类型，即直发、波发、卷发、羊毛状卷发及小螺旋形发。

在给头发上色前，先画出头发的线稿（图 3–28），然后用勾线笔勾出线稿以待上色（图 3–29）。

然后用 31 号色马克笔对头发底色进行上色，（图 3–30），可以平涂，也可以利用宽笔头的笔触绘制出头发的发丝。最后用 92 号最后选用 92 号色马克笔区分头发暗部（图 3–31），以此表现头发的立体感及层次感。

图 3-28　　图 3-29　　图 3-30　　图 3-31

3.2.2　五官

人物五官是时装画绘画的重点之一，把握好人物五官的绘制，就能表现出人物的特征。

1．眼睛

在用马克笔对眼睛部分进行上色时，用马克笔平涂出眼部周围皮肤的颜色及眼睛虹膜的颜色即可，而马克笔不能表现出物体的细节部分，所以在刻画睫毛、眼珠等细节时直接用勾线笔表现即可。

眼睛上色的步骤分为四步。

01 画出眼睛部位的线稿，然后用勾线笔勾线。无论是什么人，其瞳孔都是黑色的，所以在用勾线笔勾线的时候，可以将瞳孔的颜色用黑色勾线笔填充完整（图 3–32）。

02 用 139 号色马克笔对眼部周围皮肤进行上色。（图 3–33）。

03 用 139 号色马克笔加深皮肤暗部（图 3–34）。

04 用 21 号色马克笔对眼部周围进行上色，，然后用 67 号色马克笔填充虹膜（图 3–35）。

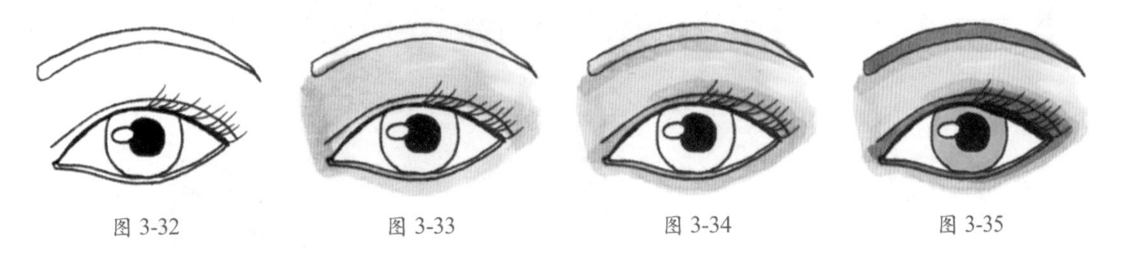

图 3-32　　图 3-33　　图 3-34　　图 3-35

2．鼻子

鼻子的上色，主要是利用肤色的明暗，高光的表现，展现鼻子部分的立体感。

鼻子的上色分为四步。

01 画出鼻子部分的线稿，然后用勾线笔勾线，待上色（图 3–36）。

02 用 139 号色马克笔对鼻子底部进行上色（图 3–37）。

03 用 21 号色马克笔对鼻子皮肤暗部进行上色（图 3–38）。

04 再次用 139 号色马克笔刻画肤色，留出高光部分（图 3–39）。

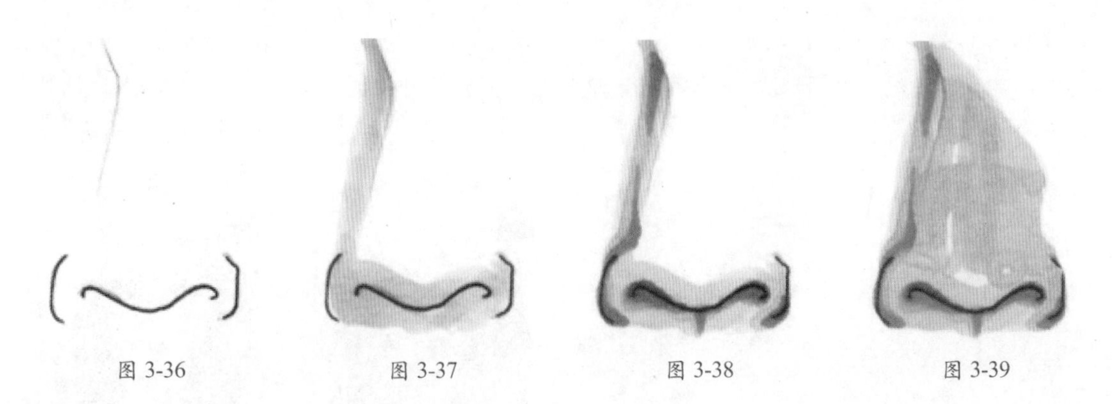

图 3-36　　图 3-37　　图 3-38　　图 3-39

3．嘴巴

嘴部的表现很简单，其表现方法和刻画鼻子一样，主要是利用嘴唇的明暗表现出嘴部的立体感。

嘴部的刻画分为三步。

01 画出嘴唇的线稿，然后用勾线笔勾线，待上色（图 3–40）。

02 用 139 号色马克笔画出嘴唇底色，注意高光部分的留白；然后用 21 号色马克笔对嘴唇的暗部进行上色。（图 3–41）。

03 用 27 号色马克笔填充嘴唇颜色，高光部分继续留白。使嘴唇的明暗部分形成一个自然的过渡（图 3–42）。

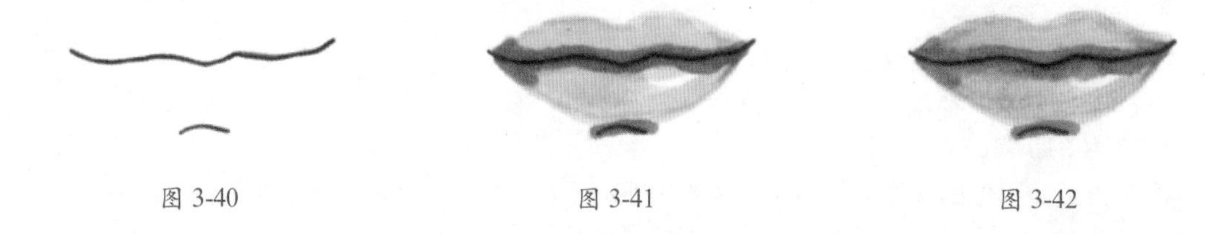

图 3-40　　图 3-41　　图 3-42

4．耳朵

耳朵的上色同样也是利用肤色的明暗关系来表现出耳朵部分的立体感。

耳朵的上色分为三步。

01 画出耳朵的线稿，然后用勾线笔勾线，待上色（图 3–43）。

02 用 139 号色马克笔对耳朵底色进行上色。（图 3–44）。

03 用 21 号色马克笔对耳朵暗部分进行上色（图 3–45）。

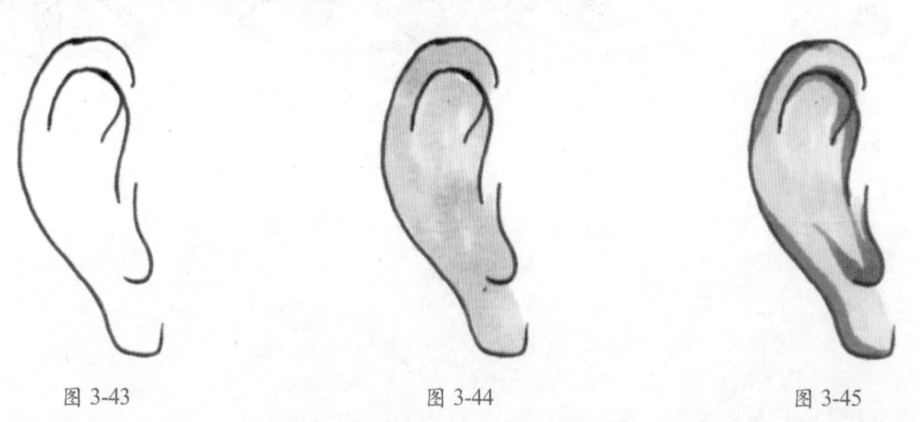

图 3-43　　图 3-44　　图 3-45

3.3 局部服装设计

服装局部设计关系到服装的整体造型及美感，是服装整体造型的基础，主要表现在领子、袖子、门襟、裙摆等重要位置。

1．衣领

衣领处于服装最上方的醒目位置，它的功能从最初的保护人体颈部为主，演变至今以装饰性为主。

衣领的上色分为四个步骤。

01 绘制出衣领部位的线稿，用勾线笔勾线，待上色（图 3–46）。

02 用 67 号色马克笔对衣领底色进行上色（图 3–47）。

03 用 64 号色马克笔对衣领阴影部分进行上色（图 3–48）。

04 用 64 号色马克笔刻画衣领上的条纹图案（图 3–49）。

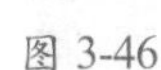

图 3-46

图 3-47

图 3-48

图 3-49

2．袖子

袖子是附在手臂表面上呈圆筒状的服装，具有很强的立体感。

袖子的上色分为三个步骤。

01 绘制出袖子的线稿图，然后用勾线笔勾线，待上色（图 3–50）。

02 用 75 号马克笔对袖子底色进行上色（图 3–51）。

03 用 77 号马克笔对袖子的暗部进行上色（图 3–52）。

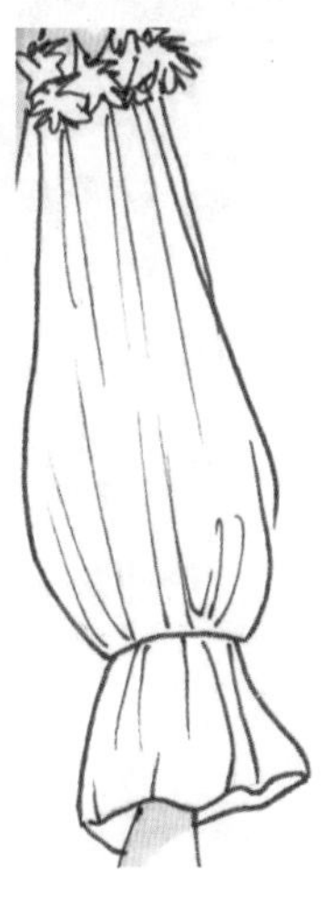

图 3-50

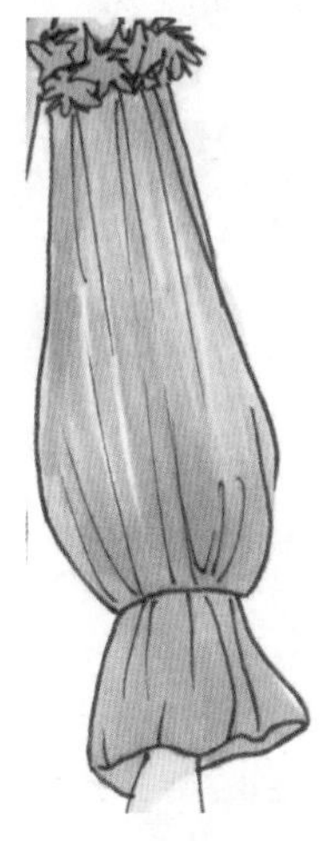

图 3-51

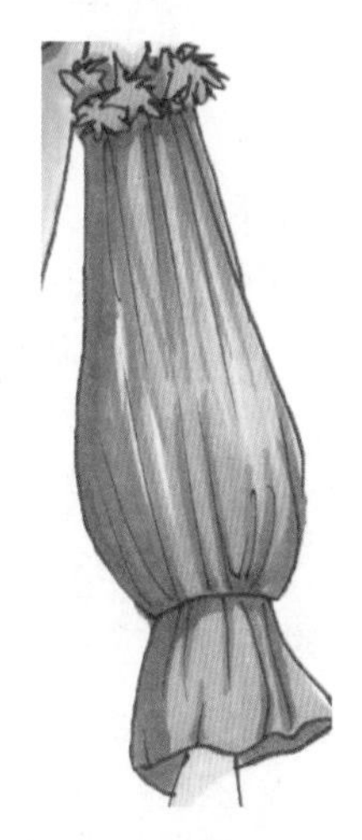

图 3-52

3. 门襟

门襟让衣服在穿着上更为方便，其次也可以作为装饰的目的出现在服装中。

※ **上衣门襟**

衣服门襟的上色分为三个步骤。

01 绘制出门襟部位的线稿图，然后用勾线笔勾线，待上色（图 3–53）。

02 用 7 号红色马克笔对衣服门襟部位进行上色（图 3–54）。

03 用 13 号红色马克笔对衣服门襟细节处进行刻画（图 3–55）。

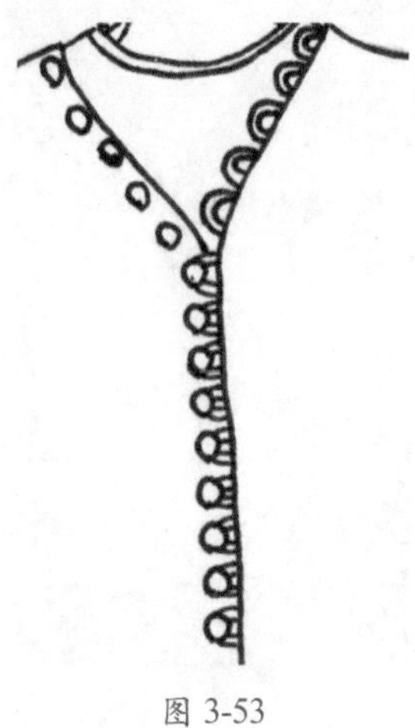

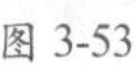

图 3-53

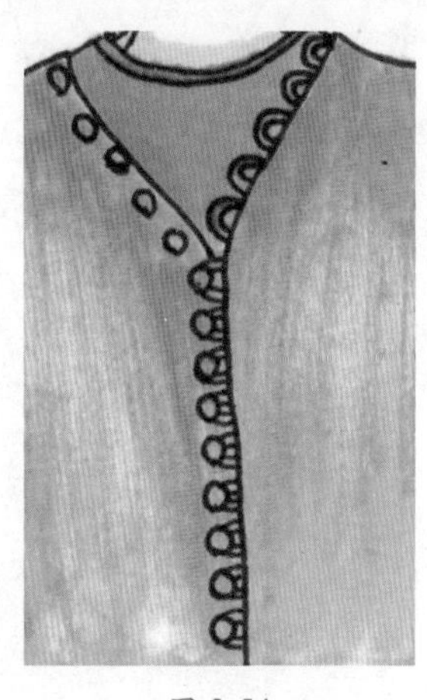

图 3-54

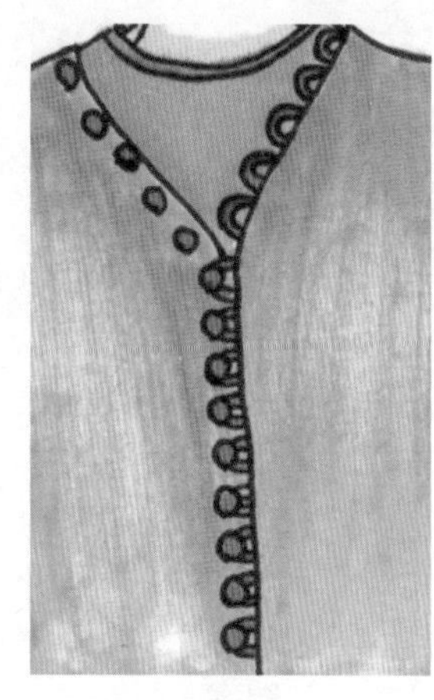

图 3-55

※ **下装门襟**

裙子门襟的上色分为三个步骤。

01 绘制出门襟部位的线稿，用勾线笔勾线，待上色（图 3–56）。

02 用 75 号色马克笔对裤子门襟部位上底色（图 3–57）。

03 用 77 号色马克笔对裤子门禁的阴影以及褶皱部分进行深入刻画（图 3–58）。

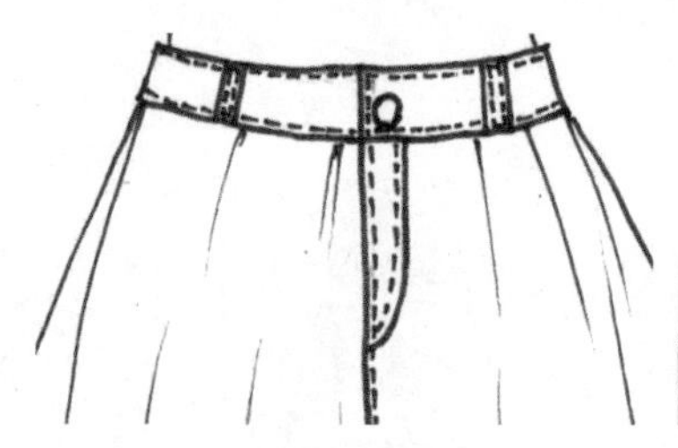

图 3-56

图 3-57

图 3-58

4. 裙摆

裙摆是裙子尾端的款式，是裙子中最为重要的部分，裙摆的款式直接奠定了裙子的整体风格。

※ **蓬蓬裙裙摆**

蓬蓬裙裙摆的上色分为三个步骤。

01 绘制出裙摆部位的线稿，用勾线笔勾线，待上色（图 3–59）。

02 用 75 号色马克笔对裙子底色进行上色（图 3–60）。

03 用 77 号色马克笔对裙摆暗部以及褶皱部分进行深入刻画。（图 3–61）。

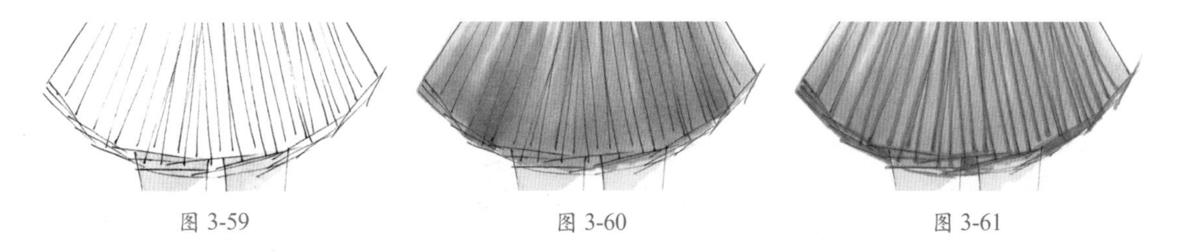

图 3-59　　图 3-60　　图 3-61

※ **荷叶边裙摆**

荷叶边裙摆的上色分为四个步骤。

01 绘制出裙摆部位线稿，用勾线笔勾线，待上色（图 3–62）。

02 用 7 号红色马克笔对裙摆底色进行上色（图 3–63）。

03 用 7 号红色马克笔加深裙摆暗部的颜色（图 3–64）。

04 用 13 号色马克笔刻画裙摆暗部及褶皱的颜色（图 3–65）。

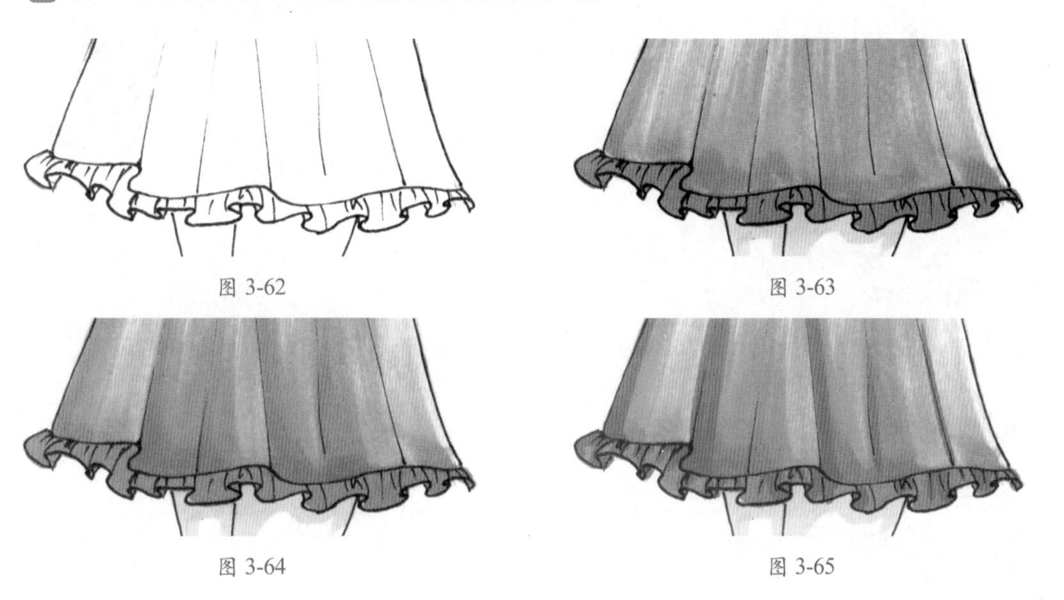

图 3-62　　图 3-63

图 3-64　　图 3-65

3.4 局部服装造型表现

服装局部表现是服装整体造型的基础，局部设计关系到服装的整体造型及美感。

3.4.1 帽子

随着时代的发展，人们对美的追求也越来越高，只是停留在实用性上的帽子，已经不足以满足人们的需求。帽子已经逐渐发展成了头部的装饰，或突出服装整体造型的饰物。

帽子的绘制分为六个步骤。

01 画出帽子的线稿图（图 3–66）。

02 用勾线笔将线稿图勾线（图 3–67）。

03 用 13 号色马克笔对帽子上的蝴蝶结进行上色（图 3–68）。

04 再次用 13 号色马克笔对帽子的底色进行上色（图 3–69）。
05 用黑色勾线笔刻画帽子网状面料的交叉处的圆点（图 3–70）。
06 用 21 号色刻画帽子的暗部阴影，以增强帽子的立体感（图 3–71）。

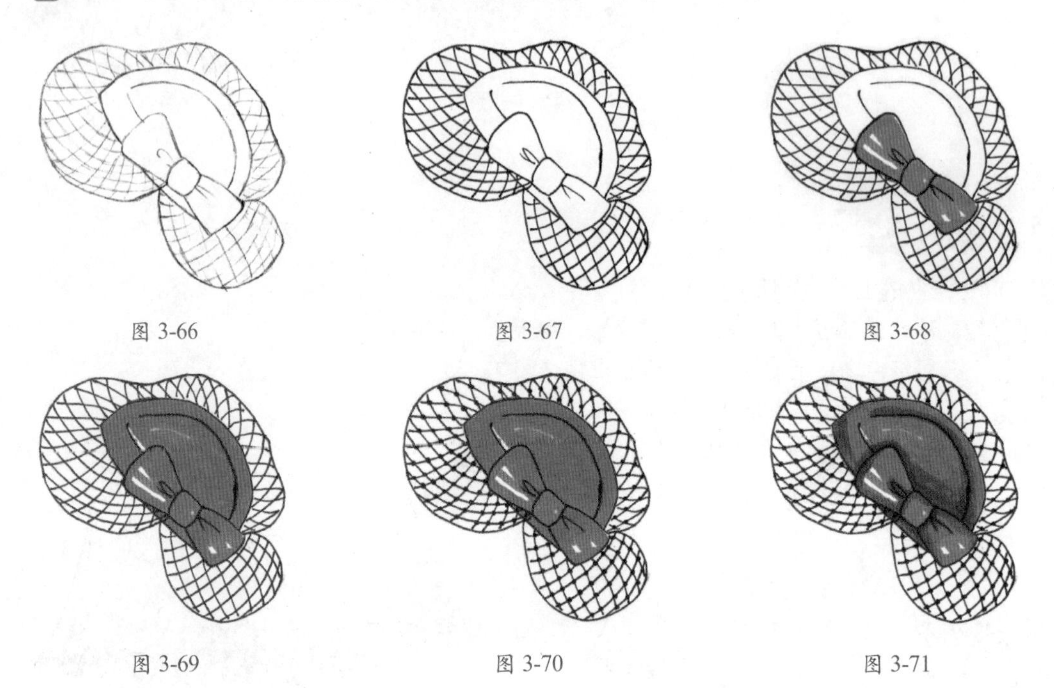

图 3-66　图 3-67　图 3-68

图 3-69　图 3-70　图 3-71

3.4.2　项链

项链作为服装配饰中的一大类别，能对服装的整体效果起到完善、画龙点睛的作用。

项链的绘制分为六个步骤。

01 绘制出项链的线稿（图 3–72）。
02 用 7 号红色马克笔对项链底色进行上色，注意高光处适当留白（图 3–73）。
03 用 84 号色马克笔对项链暗部及褶皱部分进行深入刻画（图 3–74）。
04 用铅笔刻画项链吊坠的细节，再用 84 号色马克笔对吊坠的暗部进行细节刻画（图 3–75）。
05 选择勾线笔对项链的轮廓以及细节进行刻画（图 3–76）。
06 重复步骤三的操作，刻画出项链整体的立体感（图 3–77）。

图 3-72　图 3-73　图 3-74

图 3-75　　图 3-76　　图 3-77

3.4.3　眼镜

眼镜能够起到修饰眼部和调整服装整体风格的作用。方框眼镜可以增加人物的文艺气质，圆框眼镜突显人物的俏皮可爱，墨镜则给人一种酷帅的感觉。

眼镜的绘制分为四个步骤。

01 绘制出人体头部及眼镜的线稿（图 3–78）。

02 将绘制的线稿用勾线笔勾线，待上色（图 3–79）。

03 用 139 号色马克笔对人物脸部阴影部分进行上色（图 3–80）。

04 用 67 号色马克笔刻画眼睛虹膜，用 13 号色马克笔刻画嘴唇的颜色，用 CG6 号色马克笔刻画眼镜的颜色，注意高光部分留白（图 3–81）。

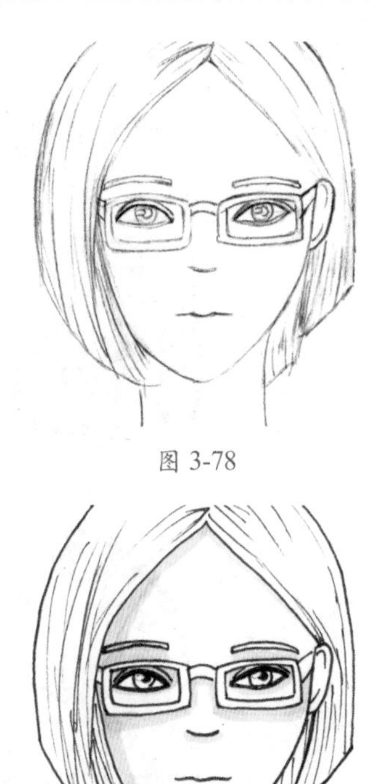

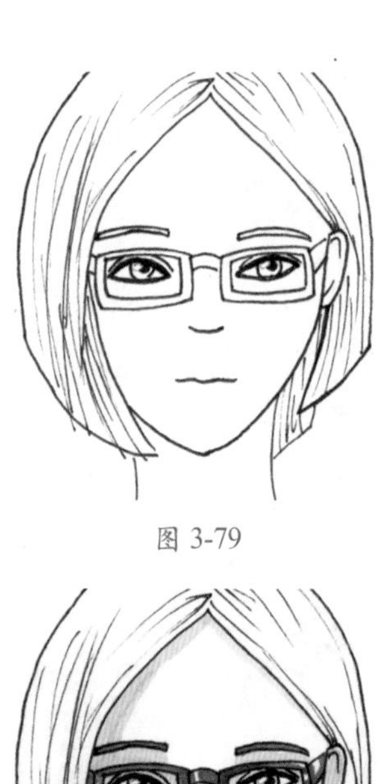

图 3-78　　图 3-79

图 3-80　　图 3-81

3.4.4 包包

包包是用来装载个人物品的袋子，同时也是日常生活和服装秀场中必不可少的配饰。包包的绘制分为九个步骤。

01 绘制出包包的线稿图（图 3–82）。

02 用勾线笔勾勒出包包的线稿（图 3–83）。

03 用 34 号色马克笔对包包底色进行上色（图 3–84）。

04 用 31 号色马克笔对包包暗部进行上色（图 3–85）。

05 用 64 号色马克笔绘制出包包侧面部分及下半部分的条纹图案（图 3–86）。

06 继续用 64 号色马克笔填充包包的提梁和两侧背带的颜色（图 3–87）。

07 用 92 号色马克笔绘制出条纹区暗部的颜色（图 3–88）。

08 继续用 92 号色马克笔绘制出包上星星图案中的倾斜条纹图案（图 3–89）。

09 用勾线笔勾勒出星星上方的字母图案（图 3–90）。

图 3-82 图 3-83 图 3-84

图 3-85 图 3-86 图 3-87

图 3-88 图 3-89 图 3-90

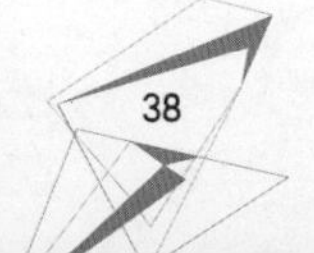

3.4.5 鞋子

鞋子在日常生活中扮演着重要角色。在服装整体造型中，鞋子的质感、颜色和图案表现是重点。鞋子的绘制分为六个步骤。

01 画出鞋子的线稿（图 3–91）。

02 用勾线笔勾勒出鞋子的线稿（图 3–92）。

03 用 13 号色马克笔对鞋子底色进行上色注意高光部分留白（图 3–93）。

04 用 21 号色马克笔刻画鞋子的暗部（图 3–94）。

05 用 34 号色马克笔绘制鞋底的颜色（图 3–95）。

06 用 92 号色马克笔绘制鞋子底部的颜色（图 3–96）。

图 3-91 图 3-92 图 3-93

图 3-94 图 3-95 图 3-96

3.5 面料质感表现

服装面料是服装设计中的一个重要元素，它主要是通过图案和质感两个方面进行体现的。

3.5.1 雪纺面料

雪纺面料一般都比较轻薄，是女性夏装中经常会运用到的面料。所以我们在表现此类面料的质感时，同样也应当表现出面料的轻薄感。

雪纺面料的表现分为四步。

01 画出雪纺面料部分的线稿图（图 3–97）。

02 用 75 号色马克笔对面料底色进行上色。注意，上色的时候，用马克笔的宽头，大片大片地涂，不要涂得太均匀，也可以适当地留白，这样更能够表现出雪纺面料的质感（图 3–98）。

03 用 77 号色马克笔对面料的暗部进行上色（图 3–99）。

04 用勾线笔完善面料的细节部分（图 3–100）。

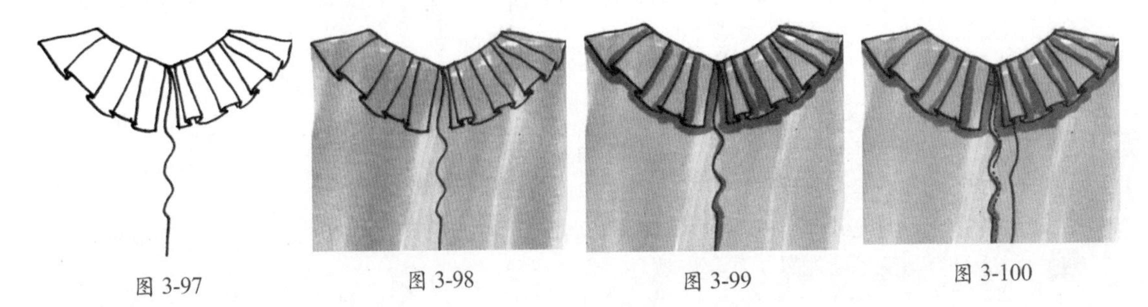

图 3-97　　图 3-98　　图 3-99　　图 3-100

雪纺面料的表现实例如下。

01 用铅笔绘制出人体着装的基本动态，注意腿部的前后关系以及裙摆的摆动表现（图 3–101）。

02 选择黑色毛笔工具在铅笔稿的基础上勾勒出画面线稿注意线条的虚实变化（图 3–102）。

03 先用 TOUCH 25 号色马克笔平铺皮肤的底色，再用 TOUCH 139 号色马克笔加深皮肤的暗部颜色（图 3–103）。

04 用黑色针管笔画出眼睛和嘴巴的轮廓线条，用 TOUCH 101 号色马克笔画出眼睛的颜色，用 TOUCH 11 号色马克笔画出嘴唇的颜色，用黑色毛笔画出眉毛的形状，最后用高光笔来点缀眼珠以及嘴唇的高光位置（图 3–104）。

05 对头发的上色，亮部可以直接留白，先用 TOUCH 101 号色马克笔画出头发暗部的颜色，再用 TOUCH 102 号色马克笔加深头发的暗部阴影，最后再用黑色针管笔画出头发发丝的表现（图 3–105）。

06 用 TOUCH 68 号色马克笔画出裙子的暗部颜色，雪纺面料的表现主要在于表现其飘逸感（图 3–106）。

07 用 TOUCH 95 号色马克笔画出包包的颜色，再用 TOUCH CG7 号色马克笔画出鞋子的固有色，最后用高光笔画出包包和鞋子的高光位置（图 3–107）。

图 3-101　　图 3-102　　图 3-103　　图 3-104

图 3-105

图 3-106

图 3-107

3.5.2　牛仔面料

牛仔面料以蓝色为主，也有少量的黑、白及彩色牛仔面料。它的特点在于穿着舒适、透气性好，是休闲装的代表。

牛仔面料的表现分为四步。

01 画出牛仔面料的线稿图，用 67 号色马克笔对牛仔面料进行上色（图 3–108）。

02 用 76 号色马克笔刻画牛仔面料的暗部及褶皱部分，表现出立体感（图 3–109）。

03 用 64 号色马克笔刻画牛仔面料的暗部及褶皱，加强立体感（图 3–110）。

04 用勾线笔对纽扣进行上色（图 3–111）。

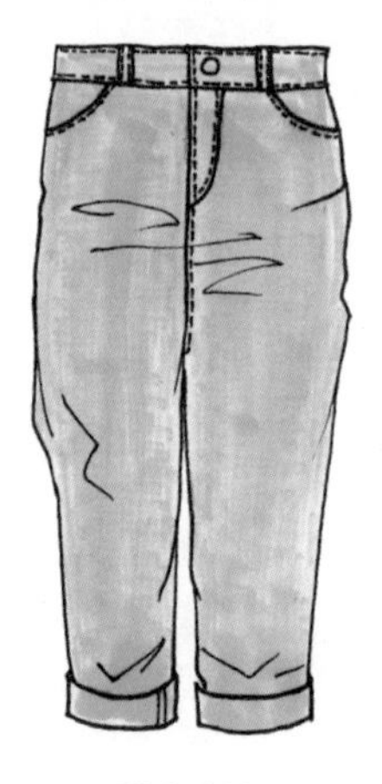
图 3-108

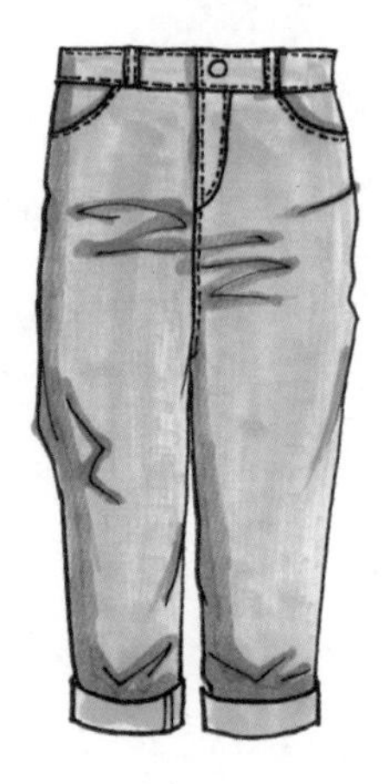
图 3-109

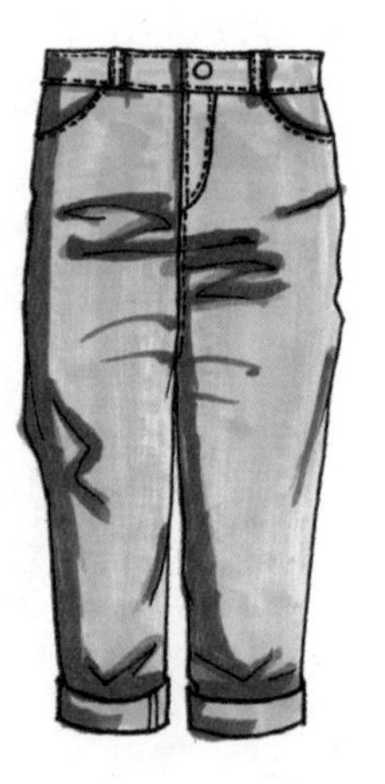
图 3-110

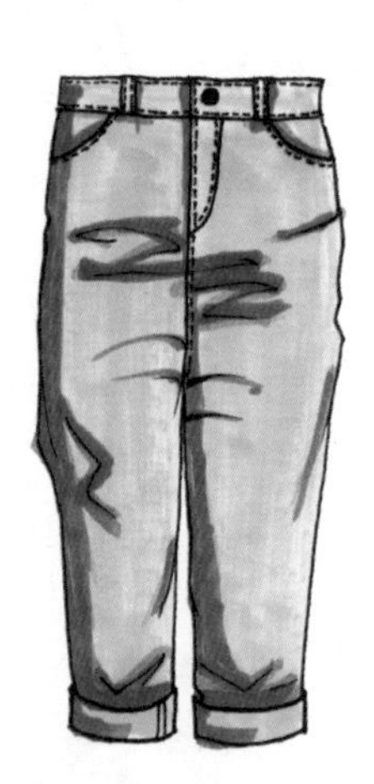
图 3-111

牛仔面料的表现实例。

01 用铅笔绘制出人体着装的线稿(图 3–112)。

02 选择黑色毛笔在铅笔稿的基础上绘制出画面的线稿部分，注意线条的虚实变化（图 3–113）。

03 先用 TOUCH 25 号色马克笔平铺皮肤的底色，再用 TOUCH 139 号色马克笔加深皮肤的暗部颜色（图 3–114）。

04 用黑色针管笔画出眼睛和嘴巴的轮廓线条，用 TOUCH 101 号色马克笔画出眼睛的颜色，用 TOUCH 11 号色马克笔画出嘴唇的颜色，用黑色毛笔画出眉毛的形状，最后用高光笔来点缀眼珠以及嘴唇的高光位置（图 3–115）。

05 用 TOUCH 101 号色马克笔平铺头发的底色，注意用笔表现，再用 TOUCH 102 号色马克笔画出头发的暗部颜色，最后用高光笔画出头发的高光位置（图 3–116）。

06 用 TOUCH 76 号色马克笔画出牛仔面料的底色，用 TOUCH 70 号色马克笔画出衣服的暗部颜色，用黑色针管笔画出牛仔面料的内部细节，最后画出高光的位置（图 3–117）。

07 用 TOUCH 11 号色马克笔画出领巾的固有色，用白色高光笔画出领巾的波点图案，用 TOUCH 103 号色马克笔画出鞋子的底色，用 TOUCH 95 号色马克笔加深鞋子的暗部颜色（图 3–118）。

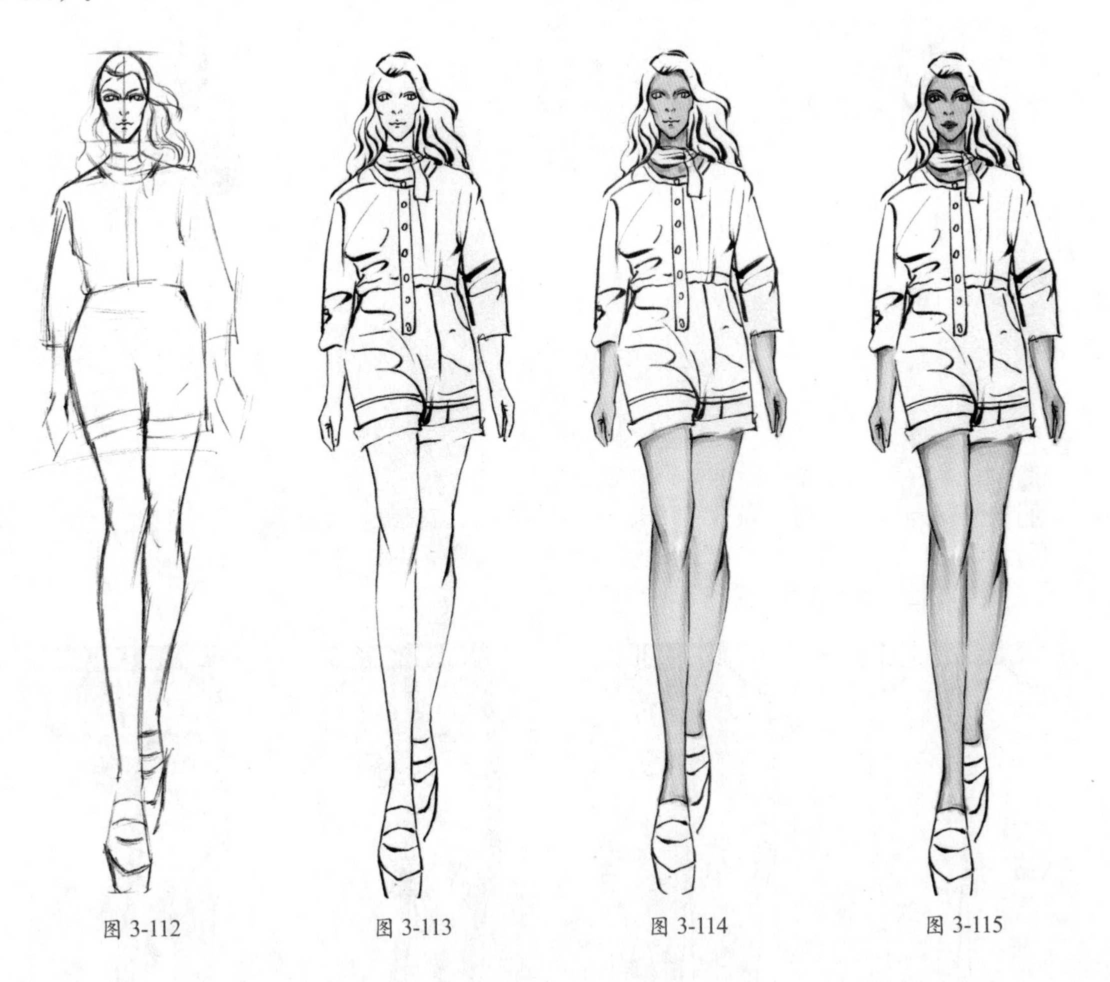

图 3-112　图 3-113　图 3-114　图 3-115

图 3-116

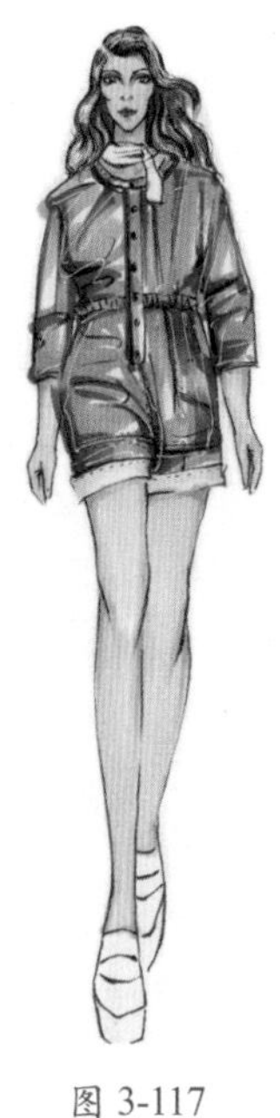

图 3-117

图 3-118

3.5.3　针织面料

针织面料是由线圈相互穿套连接而成的织物，有经编和纬编之分，同时具有弹性好和透气性好的特点。

针织面料的表现分为四个步骤。

01 选择针管笔画出针织面料部分的线稿图（图 3–119）。

02 用 31 号色马克笔对针织面料底色进行上色（图 3–120）。

03 用 34 号色马克笔刻画针织面料的针织纹理（图 3–121）。

04 用勾线笔勾勒出针织面料的纹理（图 3–122）。

图 3-119

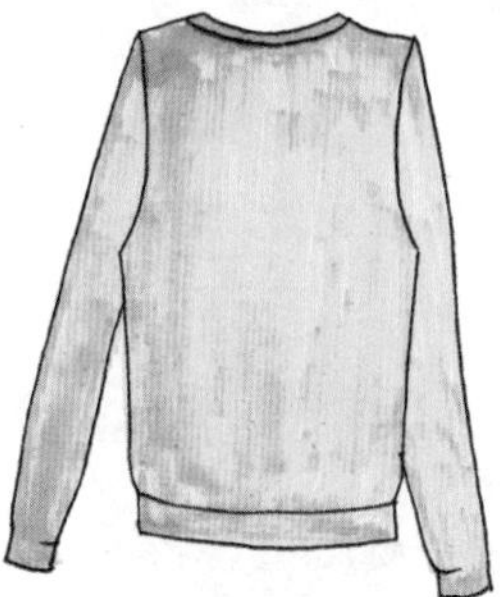

图 3-120

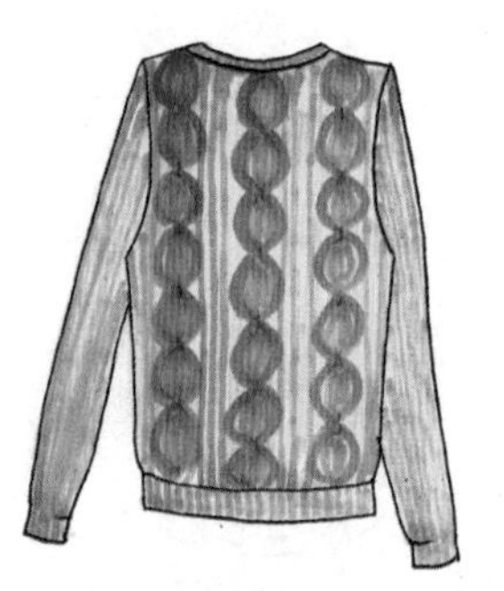

图 3-121

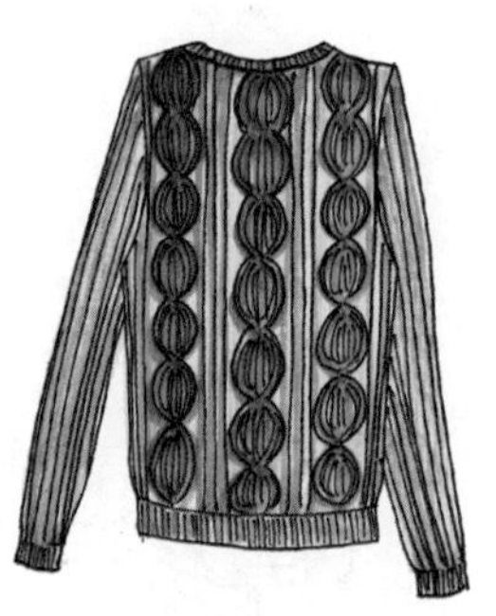

图 3-122

针织面料表现的实例如下。

01 用铅笔绘制出人体着装的线稿（图 3–123）。

02 用黑色毛笔在铅笔稿的基础上绘制出画面的线稿部分，注意毛笔线条的虚实变化（图 3–124）。

03 先用 TOUCH 25 号色马克笔平铺皮肤的底色，再用 TOUCH 139 号色马克笔加深皮肤的暗部颜色（图 3–125）。

04 用黑色针管笔画出眼睛和嘴巴的轮廓线条，用 TOUCH 101 号色马克笔画出眼睛的颜色，用 TOUCH 11 号色马克笔画出嘴唇的颜色，用黑色毛笔画出眉毛的形状，最后用高光笔来点缀眼珠以及嘴唇的高光位置（图 3–126）。

05 用 TOUCH 101 号色马克笔平铺头发的底色，注意用笔表现，再用 TOUCH 102 号色马克笔画出头发暗部的颜色，最后用高光笔画出头发的高光位置（图 3–127）。

06 用 TOUCH 70 号色马克笔绘制出针织上衣的底色，再用黑色针管笔画出针织面料的细节，最后画出高光的位置（图 3–128）。

07 用 TOUCH 70 号色马克笔画出牛仔的面料质感，再用黑色针管笔画出牛仔的车迹线（图 3–129）。

08 用 TOUCH CG7 号色马克笔画出鞋子的底色，再用 TOUCH 120 号色马克笔画出鞋子暗部的颜色，最后画出高光的位置（图 3–130）。

图 3-123　图 3-124　图 3-125　图 3-126

图 3-127　图 3-128　图 3-129　图 3-130

3.5.4 条纹与格纹面料

条纹与格纹图案都是几何图案中的一种，具有简单、明确和装饰性强的特点。它通过不同粗细、不同方向、不同色彩和不同排列的线条来表现出不同的图案效果，展现出多种不同的服装风格。

※ **条纹面料**

条纹面料的表现步骤分为四步。

01 画出面料部分的线稿图（图 3–131）。

02 用 31 号色马克笔宽头轻轻涂出面料的底色（图 3–132）。

03 用 31 号色马克笔窄头加深面料的暗部（图 3–133）。

04 用 64 号色马克笔刻画面料部分的条纹图案。注意在刻画条纹图案时，对面料上的条纹不要呈现得太直，要随着褶皱的变化有稍微的变化（图 3–134）。

图 3-131 图 3-132 图 3-133 图 3-134

※ **格纹面料**

格纹面料的表现分为四个步骤。

01 画出面料部分的线稿图（图 3–135）。

02 用 167 号色马克笔对面料底色进行上色（图 3–136）。

03 用 47 号色马克笔对面料暗部进行刻画（图 3–137）。

04 用 55 号色马克笔绘制出面料上的格纹图案（图 3–138）。

图 3-135 图 3-136 图 3-137 图 3-138

条纹面料的表现实例如下。

01 用铅笔绘制出人体着装的线稿（图 3–139）。

02 选择黑色毛笔在铅笔稿的基础上绘制出画面线稿，注意表现衣服的飘逸感（图 3–140）。

03 先用 TOUCH 25 号色马克笔平铺皮肤的底色，再用 TOUCH 139 号色马克笔加深皮肤暗部的颜色（图 3–141）。

04 用黑色针管笔画出眼睛和嘴巴的轮廓线条，用 TOUCH 101 号色马克笔画出眼睛的颜色，用 TOUCH 11 号色马克笔画出嘴唇的颜色，用黑色毛笔画出眉毛的形状，最后用高光笔来点缀眼珠以及嘴唇的高光位置（图 3–142）。

05 先用 TOUCH 101 号色马克笔画出头发的固有色，再用 TOUCH 76 号色和 TOUCH 49 号色马克笔画出头巾的颜色（图 3–143）。

06 用 TOUCH 58 号色马克笔画出条纹的固有色，再用高光笔点缀高光位置（图 3–144）。

07 用 TOUCH 76 号色马克笔画出手包的颜色，用 TOUCH CG7 号色马克笔画出鞋子的固有色，用黑色针管笔画出鞋子上的波点图案，最后用高光笔点缀包包和鞋子的亮部（图 3–145）。

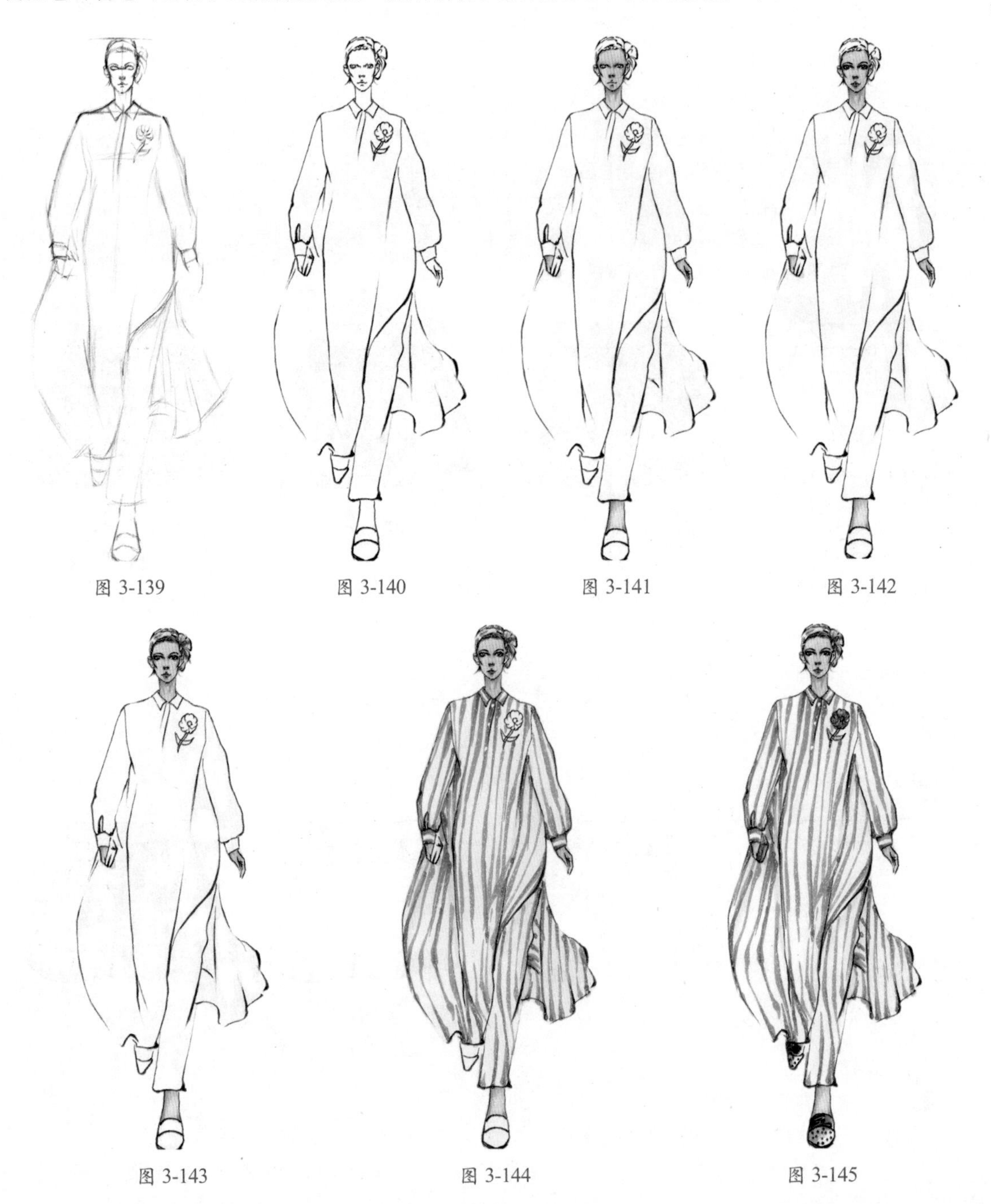

图 3-139　图 3-140　图 3-141　图 3-142

图 3-143　图 3-144　图 3-145

3.5.5 棉麻面料

棉麻面料具有穿着舒适、透气性好的特点，可以运用到各类型服装中。在夏季服装中最为常见。棉麻面料的表现分为四个步骤。

01 画出棉麻面料部分的线稿图。绘制线稿时，注意棉麻面料的特征，不要画出太多及太细小的褶皱，以表现面料自然的下垂感（图 3–146）。

02 用 167 号色马克笔绘制出面料的底色部分。注意在涂底色时，用马克笔的圆头纵横涂，刻意留出马克笔的笔迹。这样更能体现棉麻面料的质感（图 3–147）。

03 用 47 号色马克笔对面料的褶皱及暗部进行绘制（图 3–148）。

04 用勾线笔刻画出面料上的纽扣细节（图 3–149）。

图 3-146　图 3-147　图 3-148　图 3-149

棉麻面料的表现实例如下。

01 用铅笔绘制出人体及着装线稿（图 3–150）。

02 选择黑色毛笔在铅笔稿的基础上绘制出画面整体线稿，注意表现衣服的飘逸感（图 3–151）。

03 先用 TOUCH 25 号色马克笔平铺皮肤的底色，再用 TOUCH 139 号色马克笔加深皮肤的暗部颜色（图 3–152）。

04 用黑色针管笔画出眼睛和嘴巴的轮廓线条，用 TOUCH 101 号色马克笔画出眼睛的颜色，用 TOUCH 11 号色马克笔画出嘴唇的颜色，用黑色毛笔画出眉毛的形状，最后用高光笔来点缀眼珠以及嘴唇的高光（图 3–153）。

05 用 TOUCH 101 号色马克笔平铺头发的底色，注意用笔表现，再用 TOUCH 102 号色马克笔画出头发暗部的颜色，最后用高光笔画出头发的高光（图 3–154）。

06 用 TOUCH CG7 号色马克笔画出衣服的阴影表现（图 3–155）。

07 用 TOUCH CG7 号色平铺衣服的底色和鞋子的固有色，再用 TOUCH 120 号色马克笔加深衣服和鞋子的暗部颜色，最后画出高光的（图 3–156）。

图 3-150　图 3-151　图 3-152　图 3-153

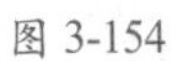

图 3-154

图 3-155

图 3-156

3.5.6　皮草与皮革面料

皮草是一种手感比较柔软且具有一定厚度的面料。皮革表面光滑、手感柔软、富有弹性。

皮草面料的表现分为六个步骤。

01 用 34 号色马克笔绘制出皮草面料的底色。在涂底色时，不用涂得太过均匀，适当的留白可以为后续的皮草刻画做铺垫（图 3–157）。

02 用 31 号色马克笔刻画第一层皮草的皮毛纹理（图 3–158）。

03 用 21 号色马克笔刻画第二层皮草的层次（图 3–159）。

04 用 92 号色马克笔刻画第三层皮草，即皮草的暗部（图 3–160）。

05 用 31 号色马克笔柔和皮草面料的明暗部（图 3–161）。

06 用勾线笔勾出皮草的纹理（图 3–162）。

图 3-157

图 3-158

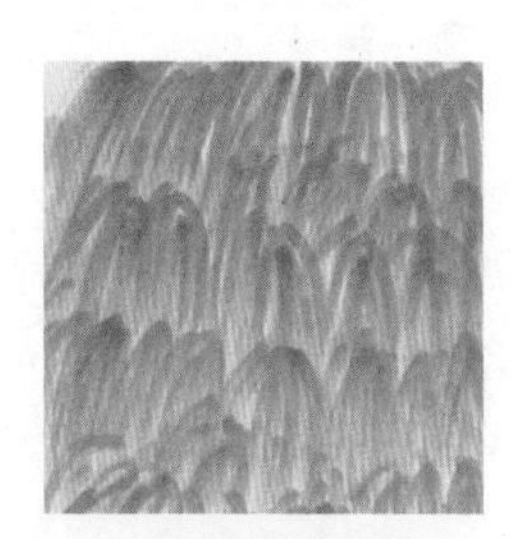

图 3-159

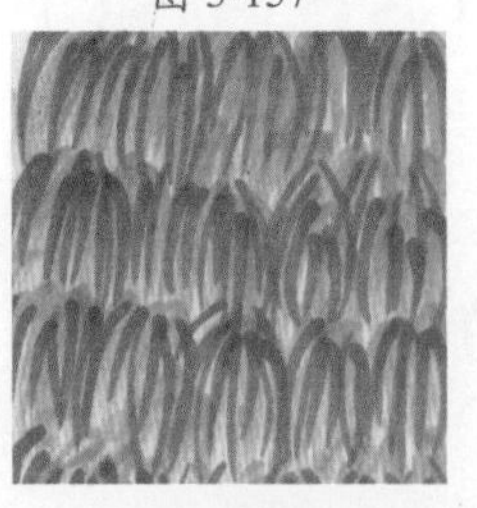

图 3-160

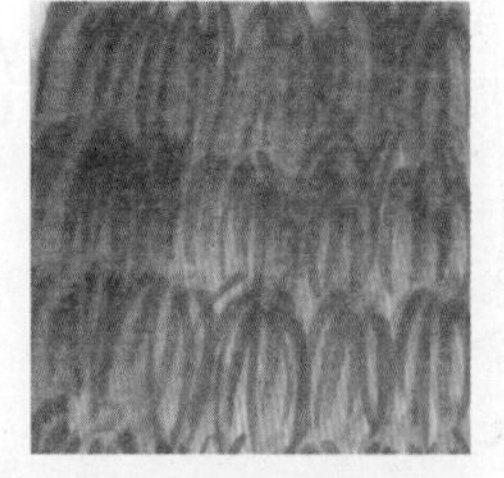

图 3-161

图 3-162

皮革面料因其本身可以随意裁剪、没有毛边的特殊工艺，已经不再局限于做整件的服装设计，如今也被经常运用在局部的细节设计中。

皮革面料的绘制分为四个步骤。

01 画出皮革面料部分的线稿图（图 3–163）。

02 用 13 号色马克笔对皮革面料的底色进行上色，注意高光部分留白（图 3–164）。

03 用 21 号色马克笔绘制皮革面料的暗部（图 3–165）。

04 用勾线笔完善皮革面料的腰部、腰头、纽扣等细节（图 3–166）。

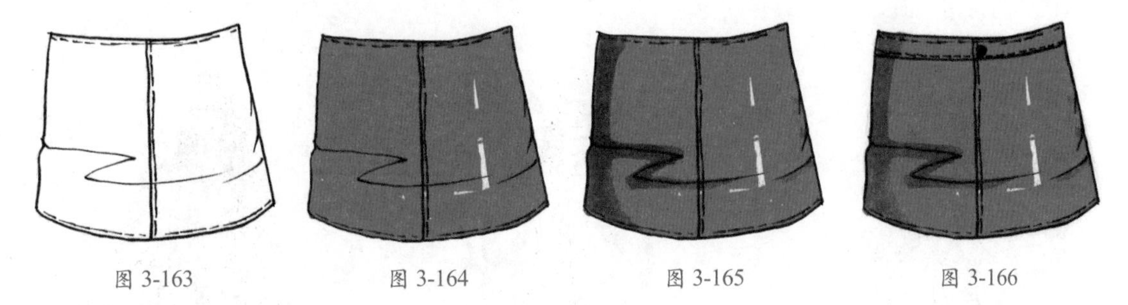

图 3-163　　图 3-164　　图 3-165　　图 3-166

皮革面料的表现实例如下。

01 用铅笔绘制出人体及着装线稿（图 3–167）。

02 选择黑色毛笔在铅笔稿的基础上绘制出画面线稿，注意表现衣服的飘逸感（图 3–168）。

03 先用 TOUCH 25 号色马克笔平铺皮肤的底色，再用 TOUCH 139 号色马克笔加深皮肤的暗部颜色（图 3–169）。

04 用黑色针管笔画出眼睛和嘴巴的轮廓线条，用 TOUCH 101 号色马克笔画出眼睛的颜色，用 TOUCH 11 号色马克笔画出嘴唇的颜色，用黑色毛笔画出眉毛的形状，用 TOUCH 35 号色马克笔画出眼镜的固有色，用 TOUCH 44 号色马克笔画出眼镜暗部的颜色，最后用高光笔来点缀眼镜的高光（图 3–170）。

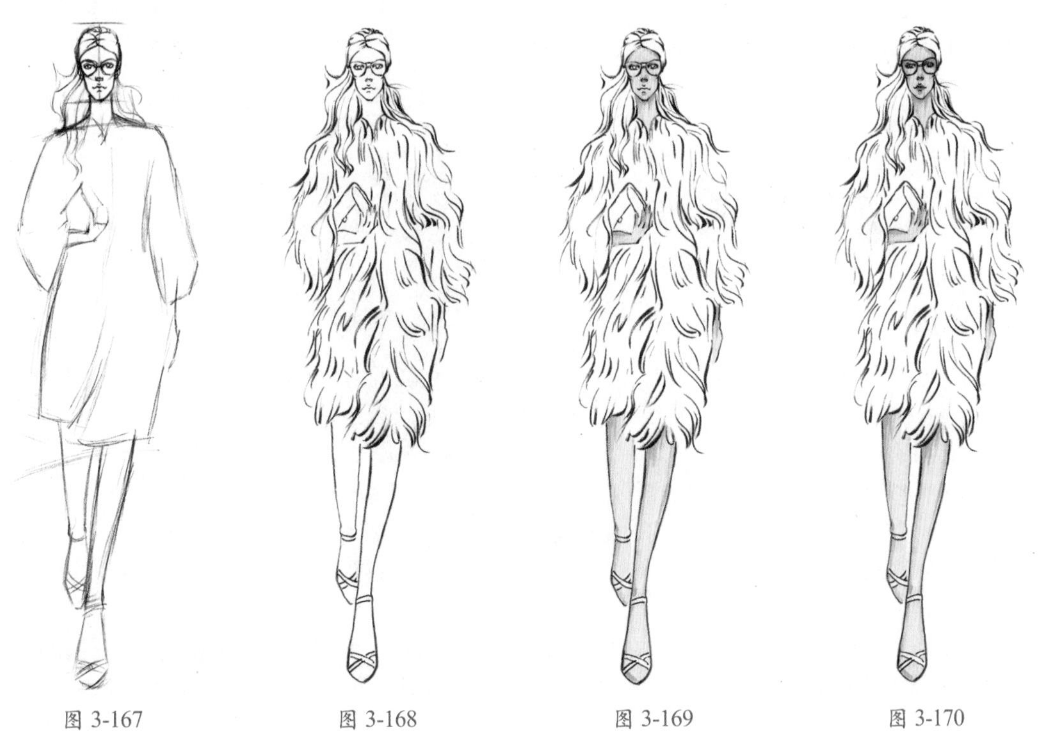

图 3-167　　图 3-168　　图 3-169　　图 3-170

05 用 TOUCH 101 号色马克笔平铺头发的底色，注意用笔表现，用 TOUCH 102 号色马克笔画出头发暗部的颜色，再用 TOUCH 35 号色和 TOUCH 44 号色马克笔画出头巾的颜色，最后用高光笔画出头发的高光（图 3–171）。

06 用 TOUCH 35 号色马克笔画出皮草的固有色，注意用笔的转折变化，然后用 TOUCH 44 号色马克笔画出衣服的暗部颜色（图 3–172）。

07 用 TOUCH 31 号色马克笔画出包包的底色，用 TOUCH 41 号色马克笔画出包包的暗部颜色，用黑色针管笔勾勒包包的内部细节线条，用 TOUCH 120 号色马克笔画出鞋子的固有色，最后点缀包包和鞋子的高光（图 3–173）。

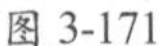

图 3-171

图 3-172

图 3-173

3.6 范例临本

3.6.1 范例一

礼服一般给人高贵端庄的感觉，是女性在出席一些盛大隆重场合时的必备服装。在绘制长礼服时，可以将礼服画得略长，裙摆垂地，甚至遮住足部，这样都是可以的。

礼服绘制的具体步骤如下。

01 用铅笔绘制出人体及着装线稿（图 3–174）。

02 选择黑色毛笔在铅笔稿的基础上绘制出画面整体的线稿，注意表现衣服的飘逸感（图 3–175）。

03 先用 TOUCH 25 号色马克笔平铺皮肤的底色，再用 TOUCH 139 号色马克笔加深皮肤的暗部颜色（图 3–176）。

04 用黑色针管笔画出眼睛和嘴巴的轮廓线条，用 TOUCH 101 号色马克笔画出眼睛的颜色，用 TOUCH 11 号色马克笔画出嘴唇的颜色，用黑色毛笔画出眉毛的形状，最后用高光笔来点缀眼镜的高光（图 3–177）。

05 用 TOUCH CG7 号色马克笔平铺头发的底色，再用 TOUCH 120 号色马克笔加深头发的暗部颜色，最后画出高光（图 3–178）。

06 用 TOUCH 59 号色和 TOUCH 175 号色马克笔画出礼服的固有色，再用 TOUCH CG7 号色和 TOUCH 9 号色马克笔画出领子处的颜色（图 3–179）。

07 用 TOUCH 56 号色马克笔加深礼服的暗部颜色以及领子处的暗部颜色，用 TOUCH CG7 号色和 TOUCH 120 号色马克笔画出腰部的颜色，用黑色毛笔点缀礼服的细节图案，最后画出高光的（图 3–180）。

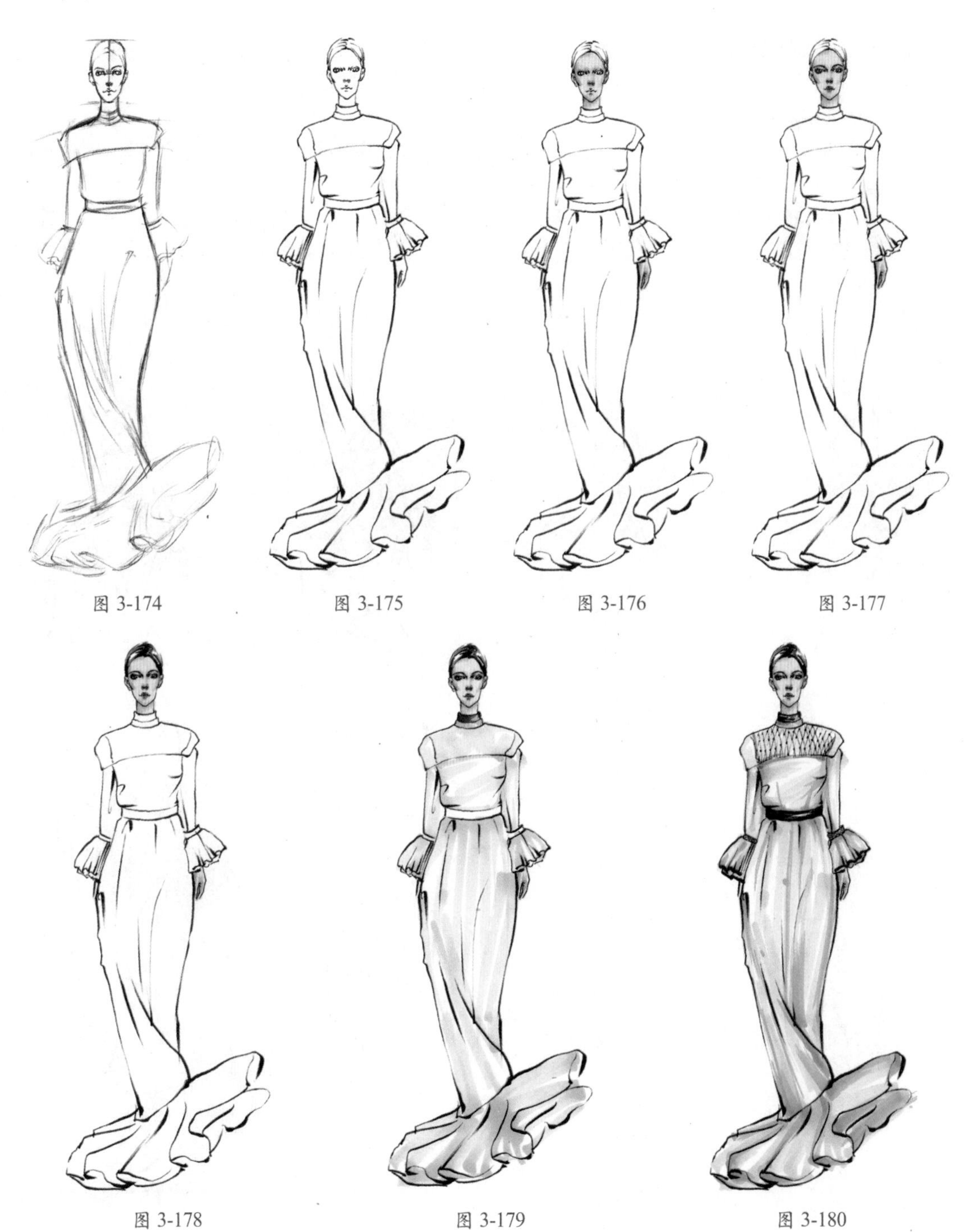

图 3-174　图 3-175　图 3-176　图 3-177

图 3-178　图 3-179　图 3-180

3.6.2 范例二

表现轻薄质感的服装，应当以浅色系为主，这样能更好地表现出服装的轻薄及透明感。

轻薄质感服装表现的具体步骤如下。

01 用铅笔绘制出人体及着装线稿（图 3–181）。

02 选择黑色毛笔在铅笔稿的基础上绘制出画面整体线稿，注意表现衣服的飘逸感（图 3–182）。

03 先用 TOUCH 25 号色马克笔平铺皮肤的底色，再用 TOUCH 139 号色马克笔加深皮肤的暗部颜色（图 3–183）。

04 用黑色针管笔画出眼睛和嘴巴的轮廓线条，用 TOUCH 101 号色马克笔画出眼睛的颜色，用 TOUCH 11 号色马克笔画出嘴唇的颜色，用黑色毛笔画出眉毛的形状，最后用高光笔来点缀眼睛的高光（图 3–184）。

05 用 TOUCH 101 号色马克笔平铺头发的底色，再用 TOUCH 102 号色马克笔加深头发的暗部颜色，最后画出高光（图 3–185）。

06 用 TOUCH 44 号色马克笔画出门襟的颜色，用 TOUCH 11 号色和 TOUCH 1 号色马克笔画出肩部细节的颜色，用 TOUCH WG1 号色和 WG5 号色马克笔画出鞋子的颜色，最后画出鞋子的高光（图 3–186）。

07 用 TOUCH 27 号色、TOUCH 9 号色以及 TOUCH 11 号色马克笔画出裙子不同层次的底色，再加深裙子的暗部颜色，最后用高光笔画出裙子高光（图 3–187）。

图 3-181　图 3-182　图 3-183　图 3-184

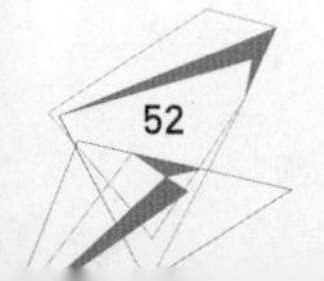

图 3-185

图 3-186

图 3-187

3.6.3　范例三

设计有图案的服装，可以先完成服装的整体，最后再绘制服装上的图案细节。

圆点图案服装的表现步骤如下。

01 绘制出人体动态及服装线稿（图 3–188）。

02 用 TOUCH 139 号色马克笔绘制皮肤暗部及阴影部分（图 3–189）。

03 对五官进行上色，然后用勾线笔勾勒出五官线稿（图 3–190）。

04 用 TOUCH 31 号色马克笔绘制头发底色，注意高光部分留白；然后用 TOUCH 92 号色马克笔覆盖头发底色，高光部分继续留白（图 3–191）。

05 用勾线笔勾勒出整体的线稿（图 3–192）。

06 用 TOUCH CG2 号色马克笔对服装进行上色，再用 TOUCH CG6 号色马克笔绘制服装暗部的颜色（图 3–193）。

07 用 TOUCH CG6 号色马克笔对鞋子手套进行上色，用 TOUCH BG7 号色马克笔对鞋子手套的暗部进行刻画；用 TOUCH CG6 号色马克笔绘制出服装内衬，再用 TOUCH BG7 号色马克笔绘制出内衬暗部（图 3–194）。

08 用 TOUCH BG7 号色马克笔绘制服装上的圆点图案（图 3–195）。

09 用勾线笔勾出头发发丝，然后用棕色彩铅勾出头发的发丝，以此表现出头发的蓬松感（图 3–196）。

图 3-188

图 3-189

图 3-190

图 3-191

图 3-192

图 3-193

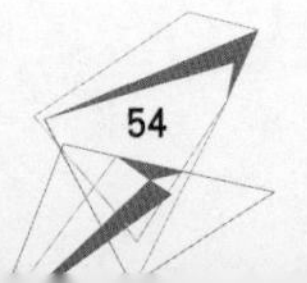

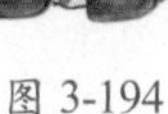

图 3-194

图 3-195

图 3-196

3.6.4　范例四

在绘制白色的服装时，一般用灰色来表现服装暗部的颜色，以此突显服装整体的立体感。而服装如果只是单一白色的话，会给人以单调的感觉，所以可以用比较鲜艳的配饰来增加服装整体造型的亮点。

白色礼服的表现方式如下。

01 先绘制出人体及服装的线稿（图 3–197）。

02 用 TOUCH 139 号色马克笔对皮肤进行绘制，注意对暗部加深（图 3–198）。

03 用 TOUCH 31 号色马克笔绘制头发的底色（图 3–199）。

04 用 TOUCH 21 号色马克笔刻画头发的发丝（图 3–200）。

05 用 TOUCH 92 号色马克笔绘制出头发的暗部（图 3–201）。

06 用 TOUCH CG1 号色马克笔对礼服的阴影及褶皱部分进行绘制（图 3–202）。

07 用 TOUCH GG3 号色马克笔深入刻画礼服的暗部及褶皱（图 3–203）。

08 用 TOUCH 198 号色和 TOUCH 59 号色马克笔分别绘制捧花的花朵及叶子底色，然后用 TOUCH 84 号色和 TOUCH 55 号色马克笔分别刻画花朵及叶子的暗部和阴影部分（图 3–204）。

09 用 TOUCH CG1 号色马克笔绘制头饰部分，用 TOUCH GG3 号色马克笔对头饰进行适当加深，用 TOUCH 64 号色马克笔点缀出头饰上小物件的颜色。再次用 TOUCH 64 号色马克笔对耳坠及戒指进行上色（图 3–205）。

10 用勾线笔刻画人物的睫毛，然后对整体进行勾线（图 3–206）。

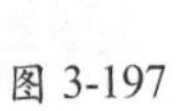
图 3-197

图 3-198

图 3-199

图 3-200

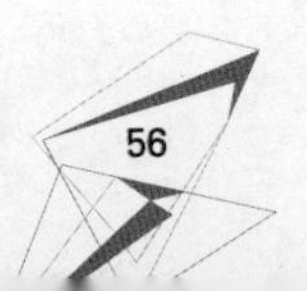

图 3-201

图 3-202

图 3-203

图 3-204

图 3-205

图 3-206

第4章 水彩表现技法

水彩在服装效果图中的表现灵活多变，能够生动而准确地表达设计师的想法，也因其具有丰富的表示能力、快速易干、色彩层次丰富和颜料透明灵活的特点，而深受现代服装设计师们的喜爱。

4.1 水彩使用技法

水彩具有渗透、流动和蒸发等特点。水分的运用和掌握是水彩技法的重点，画面颜色的深浅变化主要取决于水分的多少。水分越多浓度越低、颜色越淡；相反水分越少浓度越高、颜色越深。所以，在绘制水彩服装效果图时，要充分发挥水的作用。水彩画的基本技法包括干画法和湿画法两种。

4.1.1 干画法

干画法适合初学者学习，绘制时将颜料直接涂在干的纸上，待颜料干了后再继续涂色。可以反复进行着色，有时同一个区域需要绘制两到三次，甚至更多的次数，这种画法比较容易掌握。它的特点主要在于色彩层次丰富、表现手法肯定、形体结构清晰、不需要渗化效果。

干画法可分成层涂、罩色、接色、枯笔等具体方法。

1. 层涂

即干的重叠，在着色干后再涂色，用一层层重叠的颜色表现对象（图 4–1）。在画面中涂色层数不一，有的地方一遍即可，有的地方需两遍三遍或更多遍数，但不宜遍数过多，以免色彩灰脏以失去作品的透明感。

2. 罩色

实际上也是一种干的重叠方法，罩色面积大一些，譬如画面中有几块颜色而显得不够统一，得用罩色的方法，蒙罩上一遍颜色以使之统一（图 4–2）。某一块色过暖，罩一层冷色改变其冷暖性质。所罩之色应以较鲜明色薄涂，一遍铺过，一般不要回笔，否则带起的底色会把色彩搞脏。在着色的过程中和最后调整画面时，经常采用此法。

图 4-1

图 4-2

3. 接色

干的接色是在邻接的颜色干后从其旁涂色，使色块之间不渗化，每块颜色本身也可以湿画，以此增加变化（图 4–3）。这种方法的特点是所表现的物体轮廓清晰、色彩明快。

4. 枯笔

笔头水少色多，运笔容易出现飞白；用水比较饱满，在粗纹纸上快画，也会产生飞白效果（图 4–4）。表现闪光或柔中见刚等效果常常采用枯笔的方法。

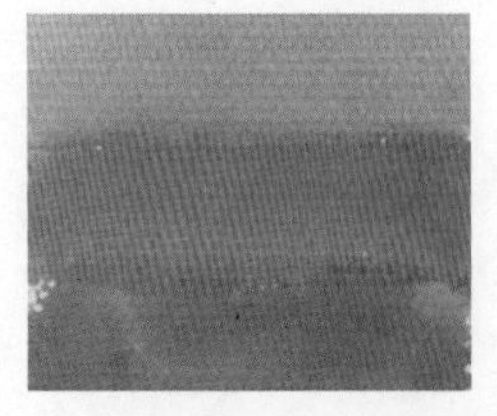

图 4-3

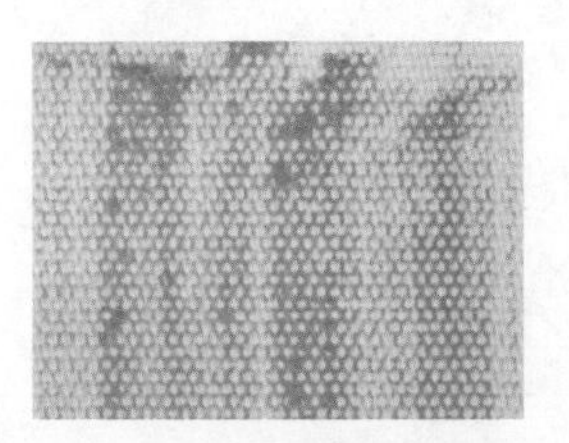

图 4-4

干画法不能只在“干”字方面作文章，画面仍要让人感到水分饱满、水渍湿痕，避免干涩枯燥的毛病。

4.1.2　湿画法

湿画法可分湿的重叠和湿的接色两种方法。

1. 湿的重叠

将画纸浸湿或部分刷湿，在画纸未干时着色、在着色未干时重叠颜色（图 4–5）。如果对水分、时间掌握得当，效果自然而圆润。表现雨雾气氛是其特长，为某些画种所不及。

2. 湿的接色

邻近未干时接色，水色流渗，交界模糊，表现过渡柔和的渐变多用此法（图 4–6）。接色时水分用量要均匀，否则，水多则向少处冲流，易产生不必要的水渍。

图 4-5

图 4-6

画水彩画大都将干画、湿画结合进行，以湿画为主的画面局部采用干画，以干画为主的画面也有湿画的部分，干湿结合，表现充分，浓淡枯润，妙趣横生。

4.2　头部上色技法表现

在用水彩对人物头部进行上色时，可以利用水彩与水相结合的形式来改变水彩的浓度，然后可以随时在边上备好纸巾，利用纸巾的吸附能力，也能够改变水彩的浓度，以此来表现出水彩丰富的色彩感觉，从而表现出更具灵动的人物头部。

4.2.1　发型

头发的发型及色彩多样，但不论是长发、短发、卷发或者直发，绘画时其线条都应该简洁流畅或利用平涂的方式保持画面的整体性。

发型的上色分为六个步骤。

01 画出头部的铅笔线稿（图 4–7）。

02 选择对面部对进行上色，五官进行深入刻画，然后用勾线笔对五官进行勾线（图 4–8）。

03 用淡黄色绘制头发的底色，注意高光部分留白（图 4–9）。

04 用藤黄色加深头发暗部及阴影的颜色（图 4–10）。

05 用土黄色深入刻画头发暗部及阴影部分（图 4–11）。

06 用勾线笔勾出头发线稿（图 4–12）。

图 4-7　　图 4-8　　图 4-9

图 4-10　　图 4-11　　图 4-12

4.2.2　五官

人物的五官是时装画中的重点内容，把握好五官的绘制，就能表现出人物的特征。

1．眼部

每个人的眼睛都不太一样，但其眼部的结构都是基本一致的，所以我们可以根据眼部的结构来给眼部上色，展现出眼睛部分的立体感。

眼部的上色分为四个步骤。

01　画出眼睛部位的线稿图。注意刻画出眼球的高光部分，便于上色（图 4–13）。

02　用赭石色绘制眼部周围皮肤的颜色，注意对暗部及阴影部分加深。然后用赭石色绘制眉毛部分（图 4–14）。

03　用赭石色对虹膜进行上色（图 4–15）。

04　用黑色为瞳孔进行上色，然后用勾线笔对眼部整体进行勾线（图 4–16）

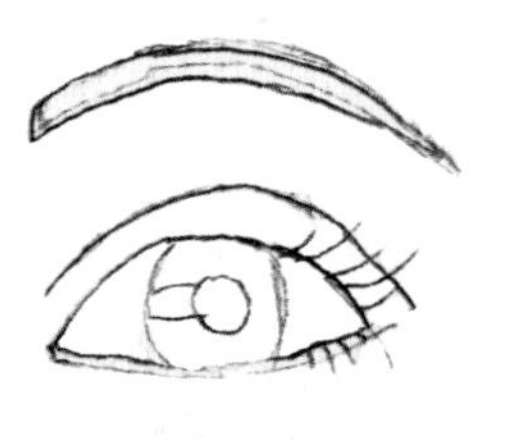
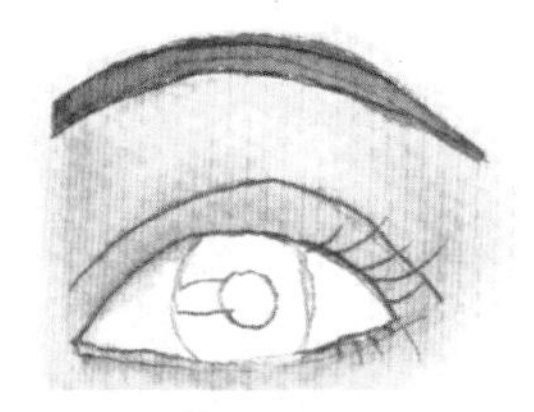
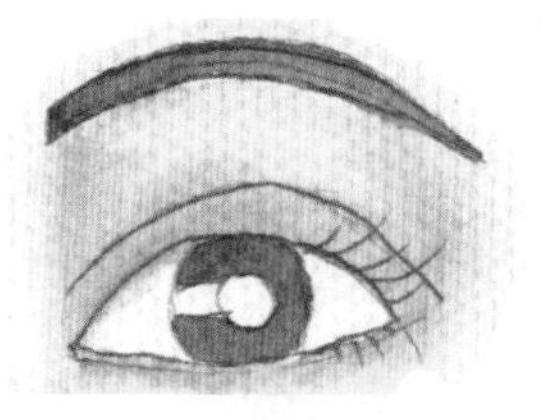
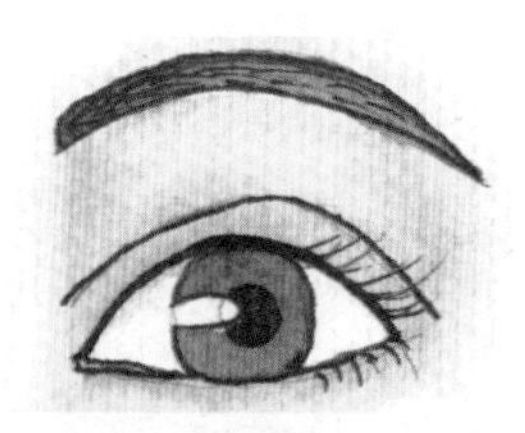

图 4-13　　图 4-14　　图 4-15　　图 4-16

2. 鼻子

鼻子在结构上可以简单地表现，然后再通过上色的方式呈现其立体感。

鼻子的上色分为四个步骤。

01 绘制出鼻子部分的线稿图（图 4−17）。

02 用赭石色绘制出鼻子部分的底色，注意对暗部加深（图 4−18）。

03 用较深的赭石色深入刻画鼻子部分的暗部，从而体现出鼻子的立体感（图 4−19）。

04 用勾线笔勾出鼻子暗部的线稿（图 4−20）。

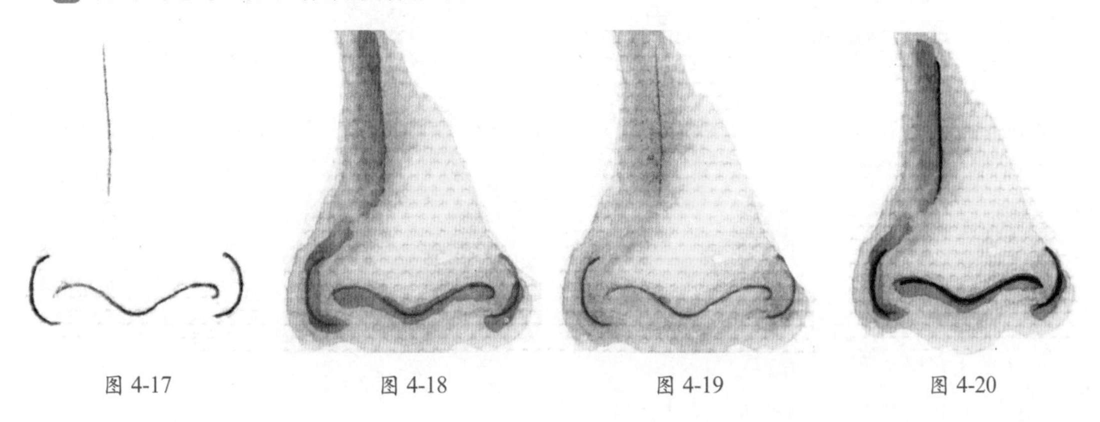

图 4-17　　图 4-18　　图 4-19　　图 4-20

3. 嘴部

绘制嘴部时，用简单的几根线条表现出嘴部的结构，然后再通过颜色绘制的方式，突显嘴部的立体感。

嘴部的上色分为四个步骤。

01 绘制出嘴部的线稿图（图 4−21）。

02 用浅红色绘制出嘴唇底色，注意高光部分留白（图 4−22）。

03 用深红色刻画嘴唇暗部（图 4−23）。

04 用勾线笔勾出嘴部线稿（图 4−24）。

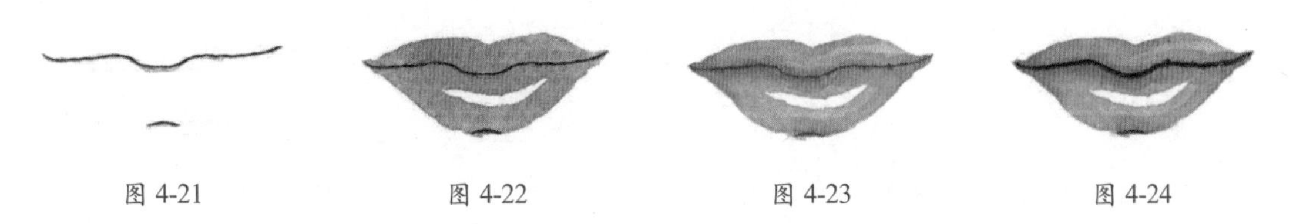

图 4-21　　图 4-22　　图 4-23　　图 4-24

4. 耳朵

绘制出耳朵简单的轮廓线条，然后用颜色的深浅来刻画出耳朵部分的立体感。

耳朵的上色分为四个步骤。

01 绘制出耳朵部分的线稿图（图 4–25）。
02 用浅赭石色绘制出耳朵的底色（图 4–26）。
03 用深点的赭石色对耳朵进行深入刻画（图 4–27）。
04 用勾线笔绘制出耳朵的线稿（图 4–28）。

图 4-25

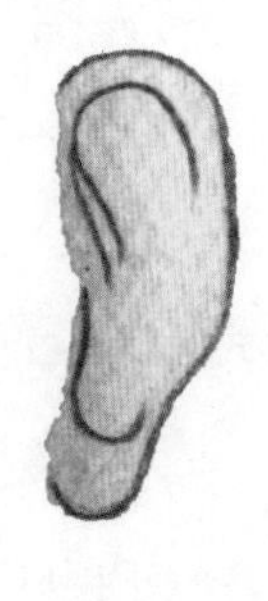
图 4-26

图 4-27

图 4-28

4.3 局部服装造型表现

服装局部造型塑造是呈现整幅时装效果图的关键。所以针对服装的几个重要部分进行上色学习，是绘制时装效果图的重要步骤。

4.3.1 衣领

领子包括领型和领口形状，领型是指领子的整体形状，分为翻驳领、平驳领、青果领等；而领口形状主要是由领口的外观所呈现的角度决定的，可以分为方型领、一字领、圆形领等。

衣领的上色分为四个步骤。

01 绘制出衣领部位的线稿图（图 4–29）。
02 用淡黄色绘制衣领部分的底色（图 4–30）。
03 用土黄色加深衣领部分的暗部及领子下面的阴影（图 4–31）。
04 用勾线笔绘制出衣领的整体线稿（图 4–32）。

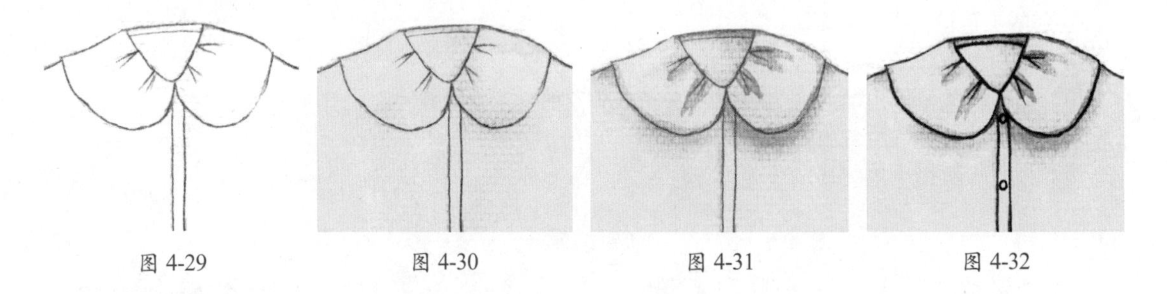
图 4-29　　图 4-30　　图 4-31　　图 4-32

4.3.2 袖子

袖子按结构可以分为装袖和插肩袖。装袖应用广泛，适用于各种类型的服装；插肩袖的袖窿较深，方便手臂的伸展，通常运用在休闲类的服装中。

袖子的上色分为五个步骤。

01 根据手臂的动态绘制出袖子的线稿图（图 4–33）。
02 用淡紫色绘制出袖子部分的底色，注意高光部分留白（图 4–34）。

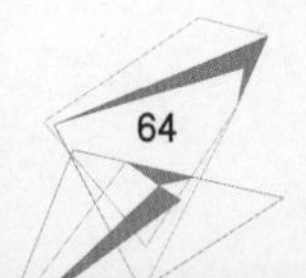

03 用紫色绘制出袖子的暗部（图 4–35）。
04 用深紫色继续深入刻画袖子的暗部（图 4–36）。
05 用勾线笔绘制袖子的线稿（图 4–37）。

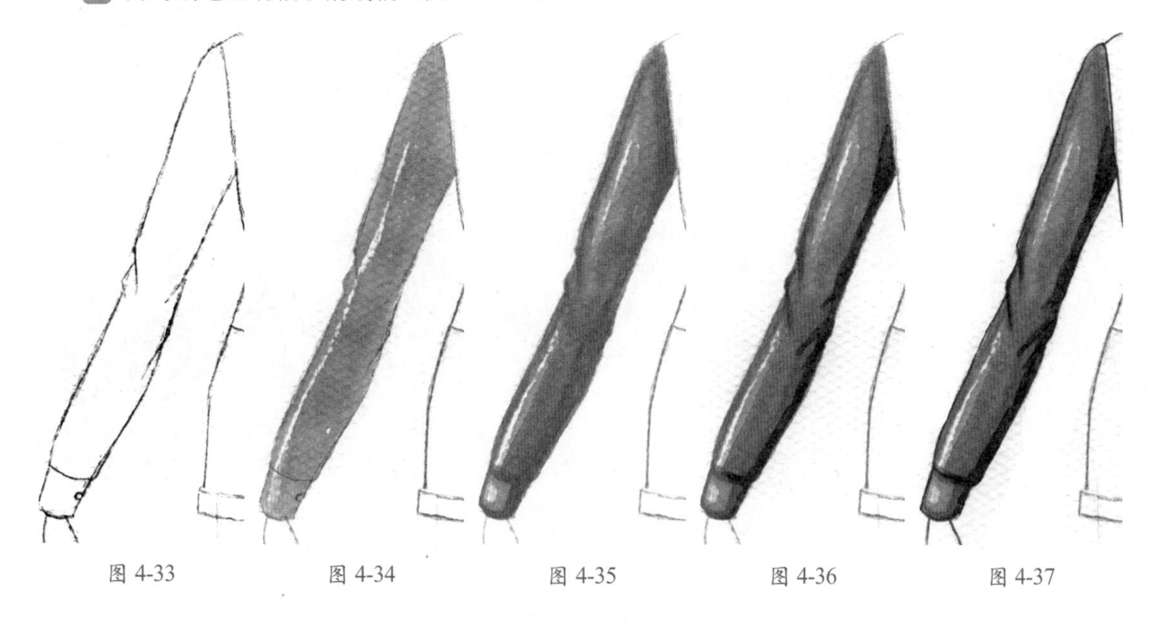

图 4-33　　图 4-34　　图 4-35　　图 4-36　　图 4-37

4.3.3　裙摆

裙装是女性最具代表性的服装，想要掌握裙子的款式及画法，首先要掌握裙摆的设计和上色的方法。

裙摆的绘制分为四个步骤。

01 绘制出裙摆部分的线稿图（图 4–38）。
02 用淡紫色绘制裙摆的底色，注意高光部分留白（图 4–39）。
03 用紫色对裙子的暗部及阴影加深（图 4–40）。
04 用勾线笔勾出裙摆部分的线稿（图 4–41）。

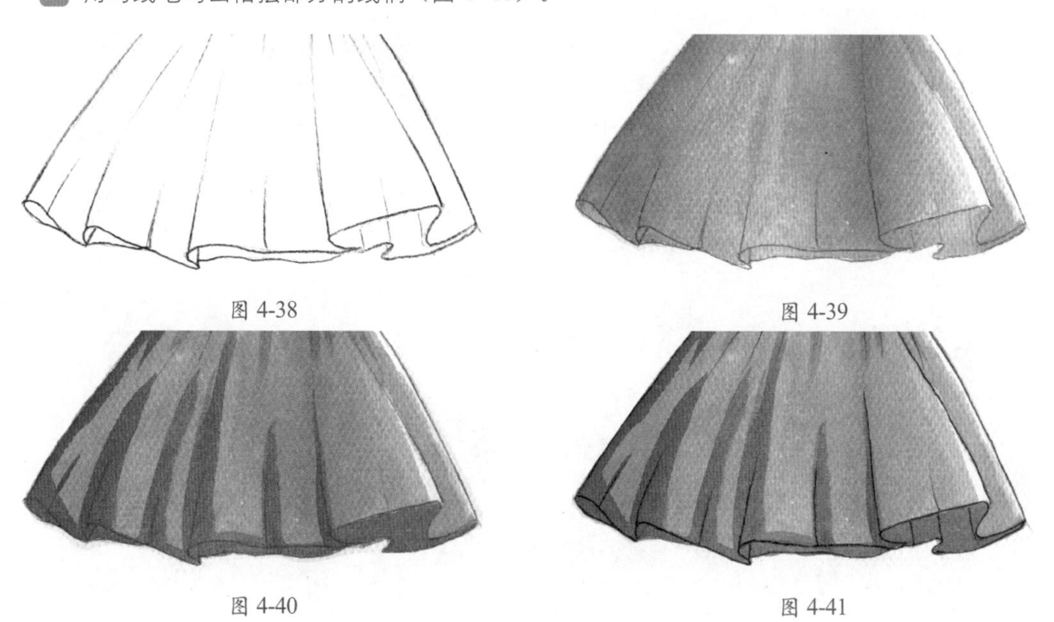

图 4-38　　图 4-39

图 4-40　　图 4-41

4.3.4 门襟

对于越来越注重美观的现代人来说，门襟也成为了一种装饰物并出现在各类服装中。

门襟的上色分为四个步骤。

01 绘制出门襟部分的线稿图（图 4–42）。

02 用淡紫色绘制门襟部位的底色（图 4–43）。

03 用紫色对门襟部位的暗部加深（图 4–44）。

04 用深紫色刻画门襟部位的暗部，然后用勾线笔勾出门襟部分的线稿图，最后刻画出扣子部分的细节（图 4–45）。

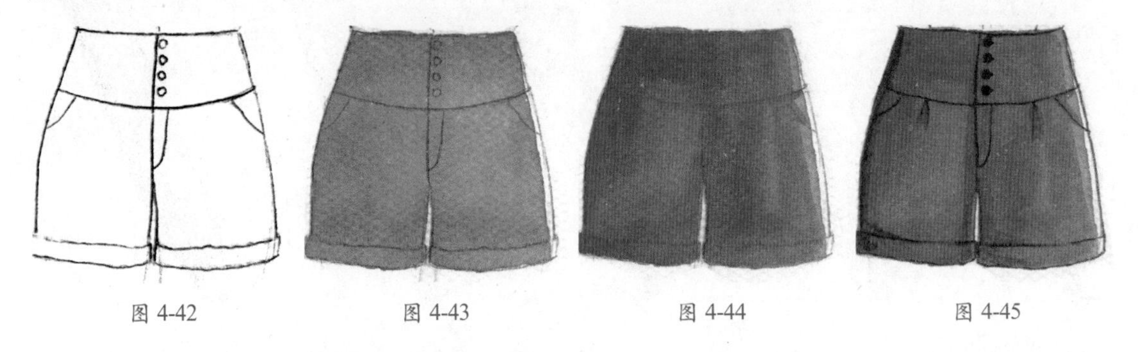

图 4-42　　图 4-43　　图 4-44　　图 4-45

4.4 装饰物技法表现

得体的装饰物，能够突显出人物的特征，漂亮的装饰物也能为时装加分。我们要学会利用装饰物，让所绘制的人物更生动。

4.4.1 帽子

现在帽子除了具有保护头部、遮挡阳光等作用外，它的装饰性作用也变得尤为重要。

帽子的绘制分为六个步骤。

01 绘制出帽子部分的线稿图（图 4–46）。

02 用赭石色涂脸部皮肤，注意对暗部加深。分别用蓝色、红色、黄色刻画出眼睛的虹膜、嘴唇、头发的颜色（图 4–47）。

03 用淡蓝色绘制出帽子的底色（图 4–48）。

04 用蓝色绘制出帽子的暗部及阴影部分（图 4–49）。

05 用淡土黄色绘制出帽子上面花朵的颜色（图 4–50）。

06 用较深的土黄色加深帽子上花朵暗部的颜色，然后用勾线笔对整体进行勾线（图 4–51）。

图 4-46

图 4-47

图 4-48

图 4-49

图 4-50

图 4-51

4.4.2　眼镜

对于时装画而言，眼镜有着修饰人物脸部的作用。

眼镜的绘制分为六个步骤。

01 绘制出头部及眼镜的线稿图（图 4–52）。

02 用淡赭石色绘制脸部皮肤的底色（图 4–53）。

03 用深点的赭石色加深皮肤的暗部，用蓝色绘制眼睛虹膜，对嘴唇进行绘制，绘制时候注意高光部分留白，同时注意对暗部进行加深（图 4–54）。

04 用土黄色绘制头发的底色，然后用褐色对头发的暗部以及眉毛进行绘制（图 4–55）。

05 用黑色深入刻画头发的暗部，同时勾出眼镜部分的线稿。最后用黑色勾出眼镜的框架，对眼镜架子部分进行上色。对于金属部分，可以直接用留白的方式进行体现，即只对暗部进行加深（图 4–56）。

06 用细的勾线笔对头部整体的暗部进行勾线（图 4–57）。

图 4-52

图 4-53

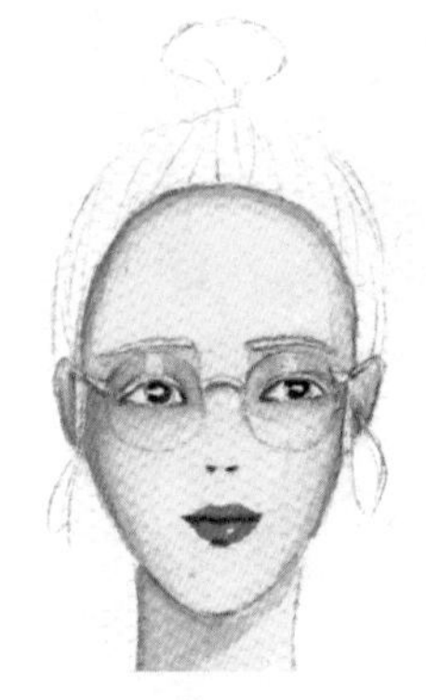

图 4-54

图 4-55

图 4-56

图 4-57

4.4.3 项链

项链可以起到装饰作用，搭配恰当时也可以成为整幅时装画的亮点。

项链的绘制分为六个步骤。

01 绘制出项链的线稿图（图 4–58）。

02 用灰色对项链链子部分进行上色（图 4–59）。

03 用蓝色绘制项链吊坠，然后对吊坠的暗部进行加深（图 4–60）。

04 用蓝色刻画项链吊坠上面细节部分的暗部，用灰色加深项链链子的暗部（图 4–61）。

05 用勾线笔绘制出项链外形线稿（图 4–62）。

06 用勾线笔绘制出吊坠部分的细节（图 4–63）。

图 4-58　图 4-59　图 4-60

图 4-61　图 4-62　图 4-63

4.4.4 包包

包包的造型、材质、色彩和图案的表现很重要，直接影响到包包的外观呈现效果，从而影响服装画的整体效果。

包包的绘制分为六个步骤。

01 绘制出包包的线稿图（图 4–64）。

02 用淡红色对包包进行上色，注意高光部分留白（图 4–65）。

03 用红色绘制包包暗部及阴影部分。用深红色深入刻画包包暗部的颜色（图 4–66）。

04 用灰色绘制出包包链子及拉链头。用深灰色加深包包链子暗部的颜色（图 4–67）。

05 用黑色绘制出包包上的圆点图案（图 4–68）。

06 给包包整体勾线，刻画包包上的拉链细节（图 4–69）。

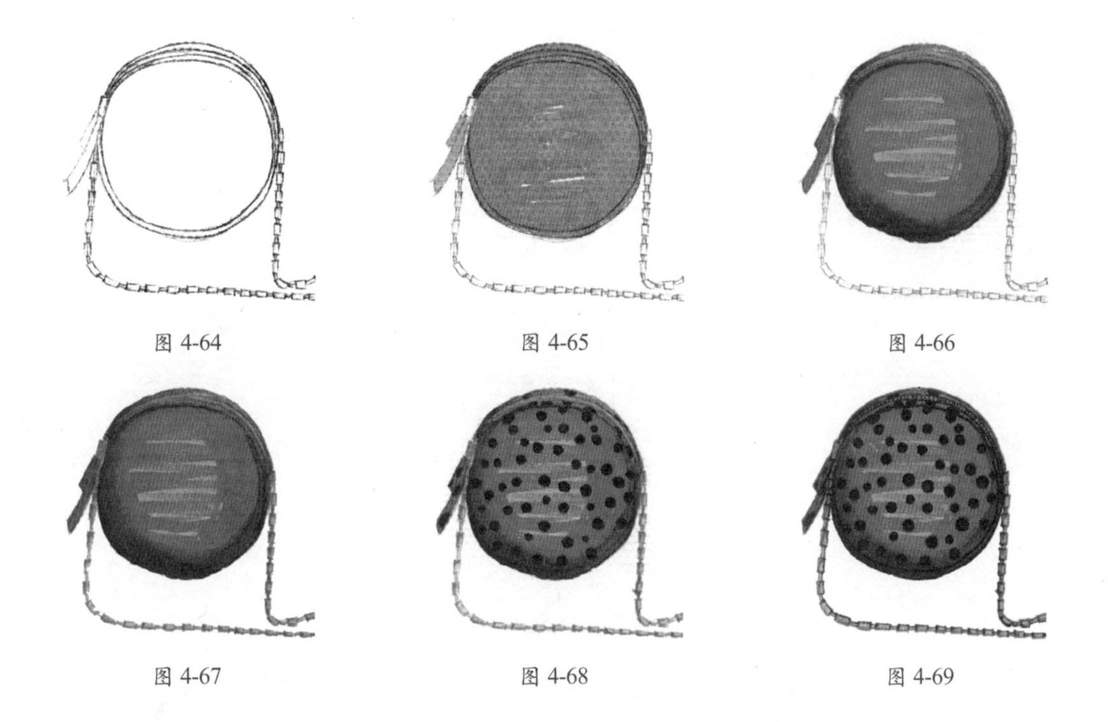

图 4-64　图 4-65　图 4-66

图 4-67　图 4-68　图 4-69

4.4.5　鞋子

鞋子的质感在于底色的铺垫，颜色的表现在于服装画整体的色彩效果，这些都与鞋子的上色密不可分。

鞋子的绘制分为四个步骤。

01 绘制出鞋子的线稿图（图 4–70）。

02 用淡紫色绘制鞋子的底色，注意高光部分留白。然后用紫色绘制鞋子的暗部及阴影部分（图 4–71）。

03 用黄色绘制鞋子底部，用黑色绘制鞋子底部及金属扣（图 4–72）。

04 对鞋子整体进行勾线，刻画出鞋子的缝纫线迹（图 4–73）。

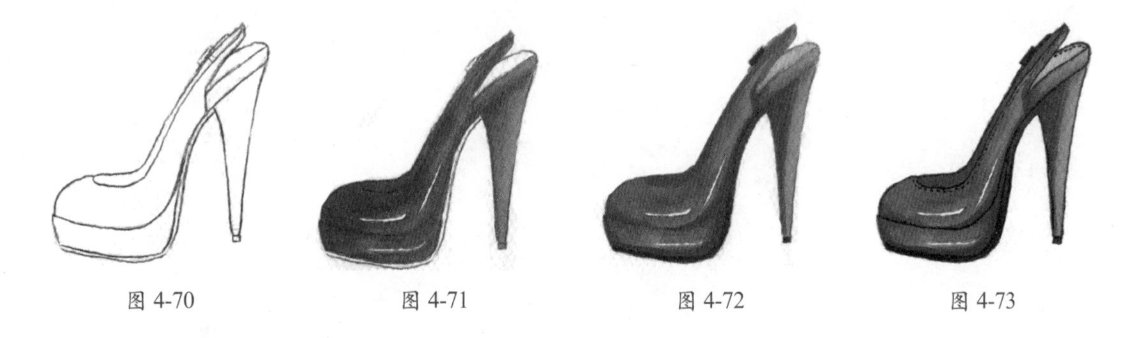

图 4-70　图 4-71　图 4-72　图 4-73

4.5　面料质感表现

水彩的颜色丰富，在运用的时候，需要把握对每种颜色及水分的掌控。在用水彩表现不同面料的时候，同样也有不同的方式。这一节主要就是讲怎样用水彩表现出不同面料的质感。

4.5.1 图案面料

图案面料即为有图案的面料，其图案可以是染上去的、绣上去的，或是利用其他手工的方式加上去的，图案的款式也可以是各种各样的，条纹、格纹、花朵等图案都可以出现在面料中。表现图案面料的重点在于底色的铺垫与图案的呈现。漂亮的图案既贴合服装的款式，也让人看上去赏心悦目。

图案面料的表现步骤分为三步。

01 用黄色铺出面料的底色（图 4–74）。

02 用铅笔轻轻刻画出图案（图 4–75）。

03 用红色对图案进行上色，然后用勾线笔对图案进行勾线（图 4–76）。

图 4-74

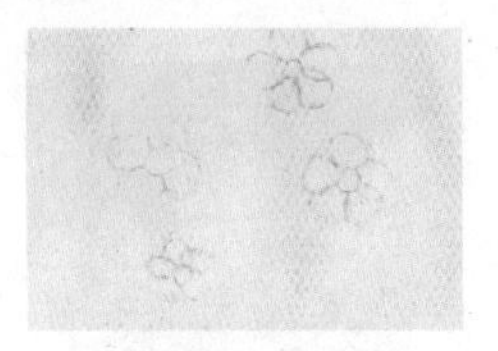
图 4-75

图 4-76

图案面料的绘制实例如下。

01 刻画出人体及服装的线稿图（图 4–77）。

02 用淡赭石色绘制皮肤的底色，然后用赭石色绘制皮肤暗部的颜色（图 4–78）。

03 用黄色绘制头发的底色（图 4–79）。

04 用藤黄色绘制头发的暗部（图 4–80）。

05 用土黄色深入刻画头发的暗部（图 4–81）。

06 用蓝色对眼睛虹膜进行上色，用红色绘制嘴唇；然后分别用粉色和紫色绘制出头饰的变化（图 4–82）。

07 用粉色绘制鞋子和裙子内衬的底色（图 4–83）。

08 用淡粉色绘制裙子薄纱部分（图 4–84）。

09 用深粉色绘制裙子内衬暗部和鞋子暗部（图 4–85）。

10 用粉色绘制裙子薄纱部分暗部及褶皱（图 4–86）。

11 用深粉色刻画面料上的花纹图案（图 4–87）。

12 用勾线笔对整体进行勾线（图 4–88）。

图 4-77

图 4-78

图 4-79

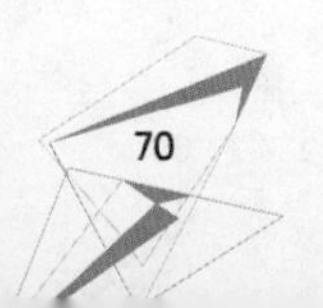

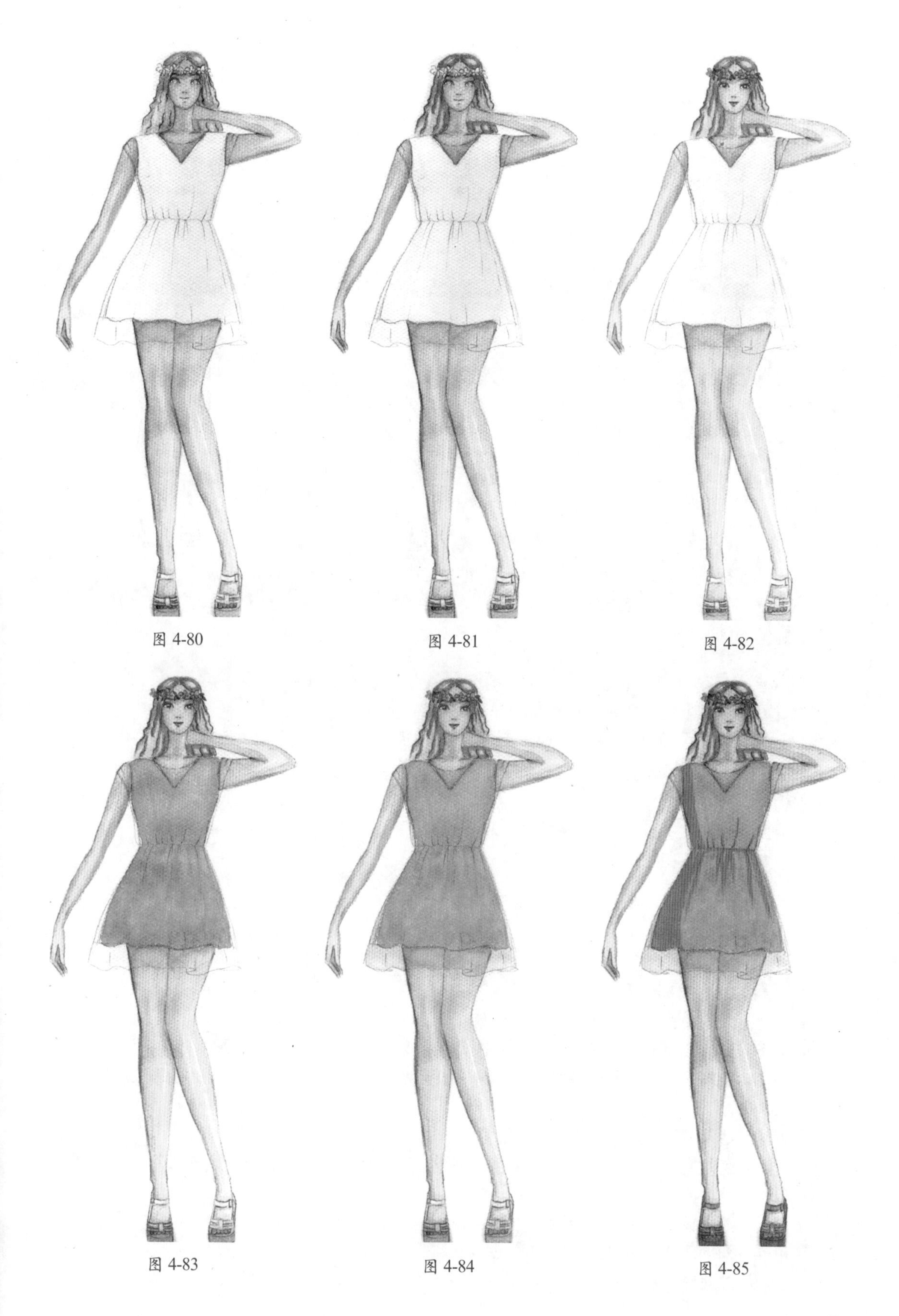

图 4-80　图 4-81　图 4-82

图 4-83　图 4-84　图 4-85

图 4-86

图 4-87

图 4-88

4.5.2 蕾丝面料

蕾丝就是表面上能够呈现出各种花纹图案的薄型织物，具有镂空和通透两大特点，因而深受女性的喜爱。在服装设计中蕾丝不仅仅被作为辅料使用，它已经被作为主料并大面积地应用在服装中，同时也成为浪漫、神秘和性感的代名词。

表现蕾丝面料，只要在服装上或铺好的面料底色上勾勒出蕾丝花纹即可（图 4–89）。

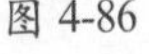

图 4-89

蕾丝面料的表现实例如下。

01 绘制出人体及服装的线稿图（图 4–90）。

02 用淡赭石色绘制皮肤的底色，然后用赭石色对皮肤的暗部进行加深（图 4–91）。

03 用黄色绘制头发的底色，注意高光部分适当留白。然后用土黄色对头发的暗部进行加深（图 4–92）。

04 用蓝色绘制眼睛虹膜，选择红色对嘴唇进行上色（图 4–93）。

05 用浅紫色绘制裙子内衬，再用浅紫色刻画蕾丝面料的暗部（图 4–94）。

06 用深点的紫色加深内衬的暗部（图 4–95）。

07 用灰色绘制鞋子的底色，注意高光部分留白。然后用黑色加深鞋子的暗部（图 4–96）。

08 用毛笔勾勒出蕾丝面料的花纹（图 4–97）。

09 用勾线笔对整体进行勾线（图 4–98）。

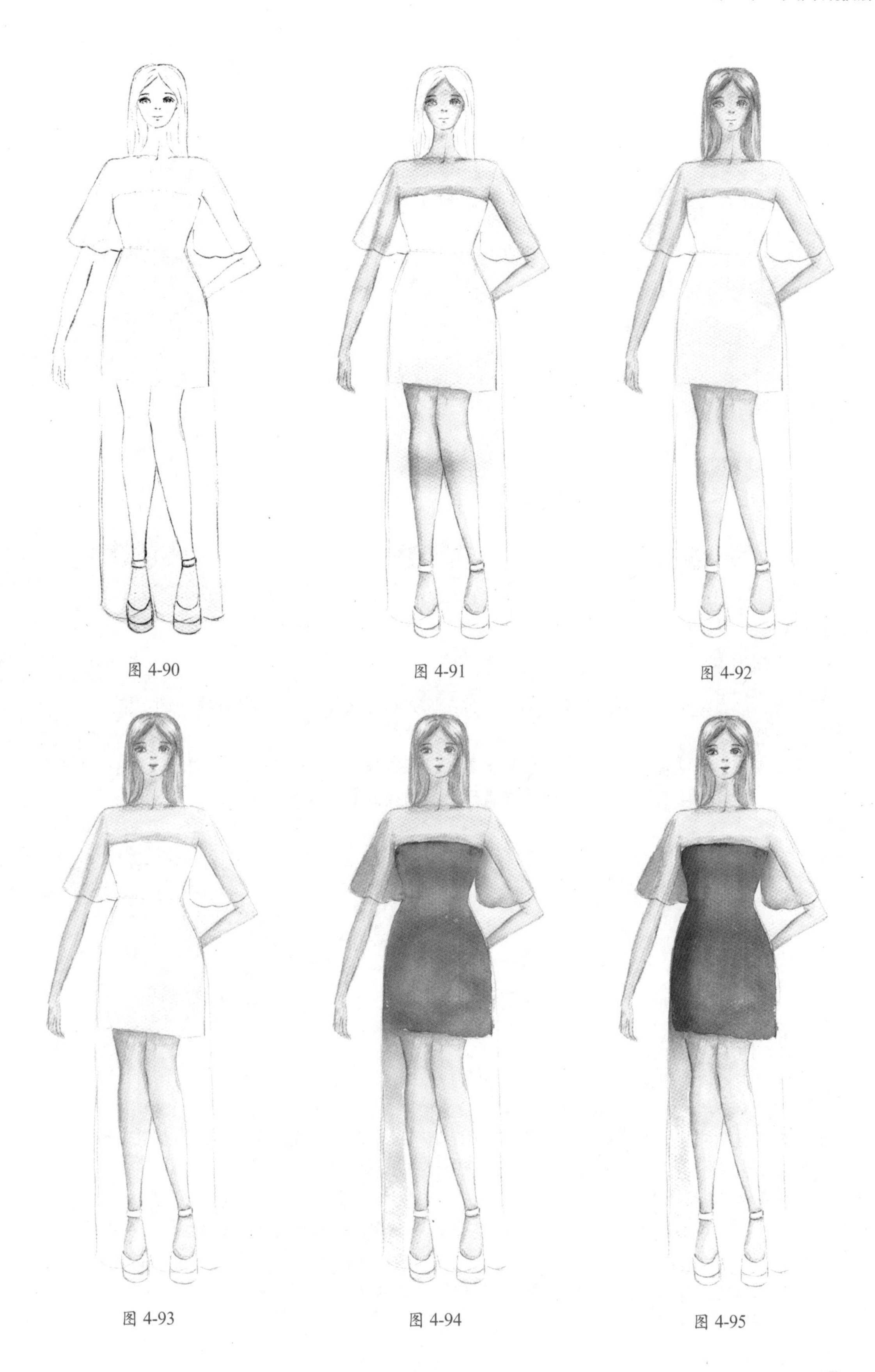

图 4-90　图 4-91　图 4-92

图 4-93　图 4-94　图 4-95

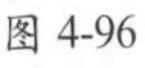
图 4-96

图 4-97

图 4-98

4.5.3 针织面料

针织面料的纹路组织明显、图案清晰，它的图案是根据面料本身的纹理走向而生成的。在刻画时注意面料本身的纹理走向及面料依附在人体上的结构变化。

表现针织面料，只需在铺好底色的面料上刻画针织纹理即可（图 4–99）；对于较细的针织纹理，也可以直接在铺好底色的面料上用波纹线表现出针织面料的质感（图 4–100）。

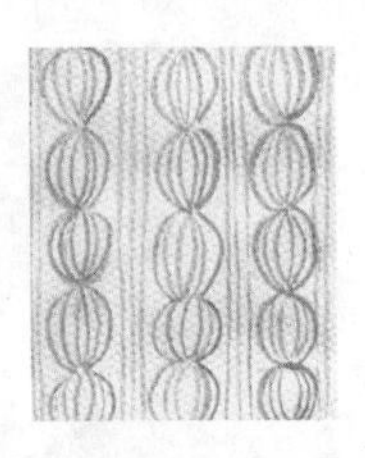
图 4-99

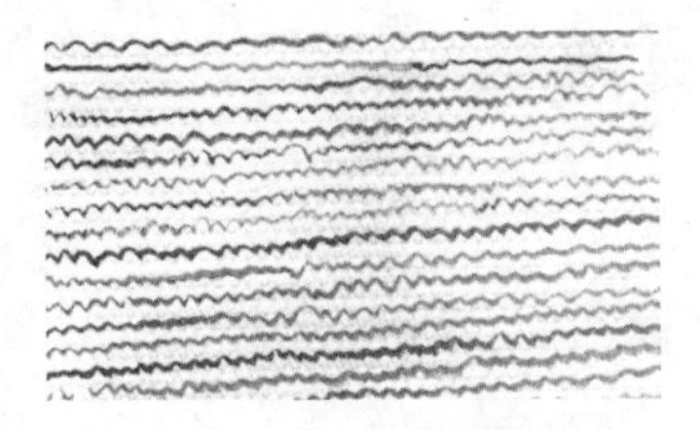
图 4-100

针织面料的表现实例如下。

01 绘制出人体动态及服装线稿图（图 4–101）。

02 用淡赭石色绘制皮肤的底色（图 4–102）。

03 用深点的赭石色绘制皮肤的暗部。然后用蓝色绘制眼睛虹膜，用红色绘制嘴唇（图 4–103）。

04 用土黄色绘制头发的底色，可以对高光部分进行留白（图 4–104）。

05 用褐色绘制头发暗部（图 4–105）。

06 用深褐色深入刻画头发暗部，然后用勾线笔对五官进行勾线，再用浅绿色绘制毛衣的底色（图 4–106）。

07 用深绿色刻画出毛衣的暗部及阴影部分（图 4–107）。

08 用深绿色刻画出毛衣的纹理（图 4–108）。

09 用柠檬黄色绘制裤子和鞋子的底色（图 4–109）。

10 用土黄色刻画裤子和鞋子的暗部（图 4–110）。

11 用生褐色刻画出裤子上的格纹，同样用生褐色深入刻画出鞋子的暗部（图 4–111）。

12 用勾线笔对整体的暗部进行勾线（图 4–112）。

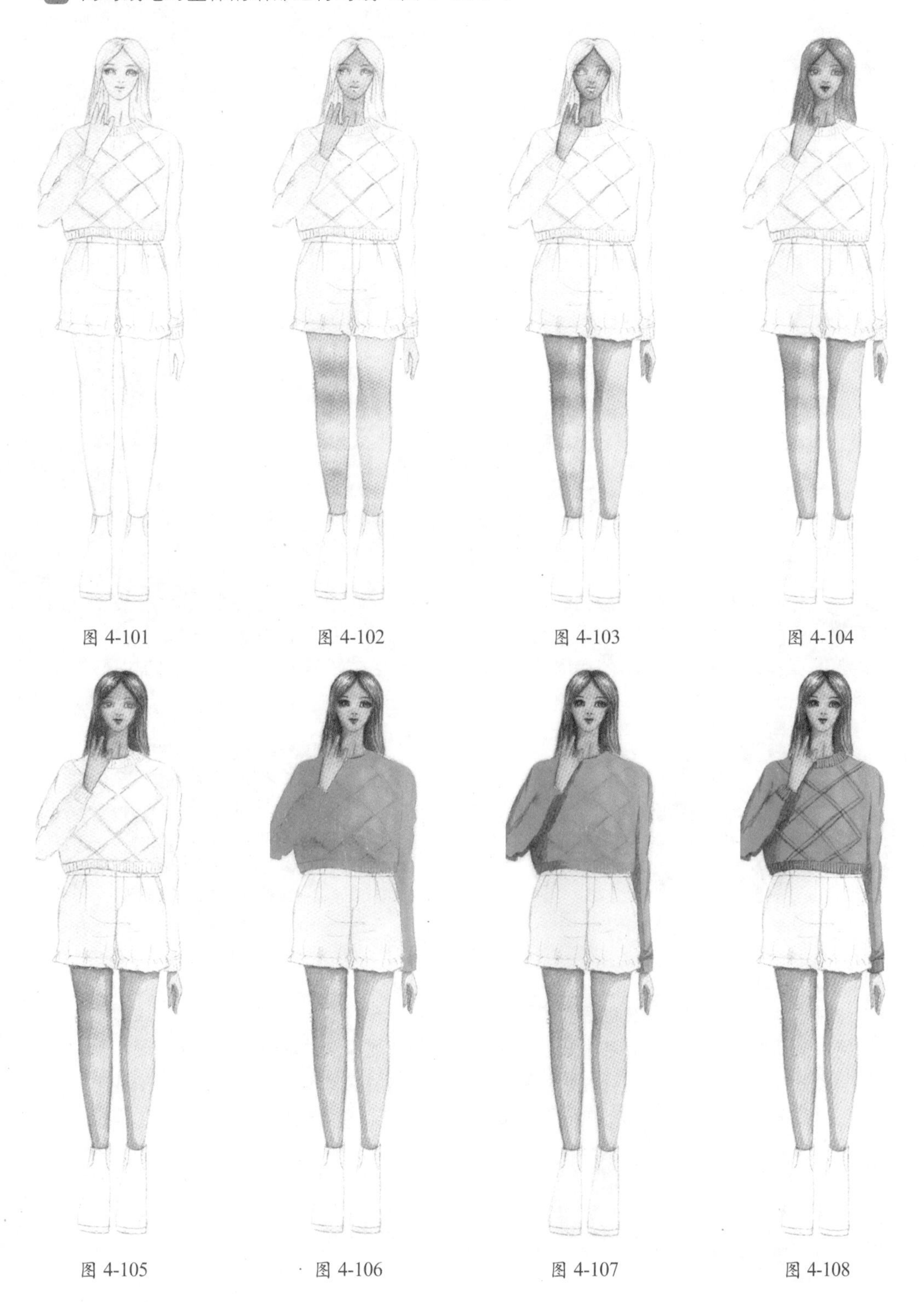

图 4-101　图 4-102　图 4-103　图 4-104

图 4-105　图 4-106　图 4-107　图 4-108

图 4-109　　图 4-110　　图 4-111　　图 4-112

4.5.4　毛呢面料

毛呢是对用各类羊毛、羊绒织成的纺织品的泛称。它通常适用于制作礼服、西装、大衣等正规、高档的服装。它的优点是防皱耐磨，手感柔软，高雅挺括，富有弹性，保暖性强。

表现毛呢面料，需要铺好面料的底色（图 4–113），然后在面料还未干透的情况下进行二次上色，这样更容易突出面料的质感（图 4–114）。

图 4-113

图 4-114

毛呢面料的表现实例如下。

01 绘制出人体动态及服装线稿图（图 4–115）。

02 用淡赭石色绘制皮肤的底色，然后用深点的赭石色加深皮肤的暗部（图 4–116）。

03 用蓝色绘制眼睛虹膜，用橘色绘制嘴唇，可以对嘴唇高光部分进行留白（图 4–117）。

04 用黄色绘制出头发的底色，可以在高光部分进行留白（图 4–118）。

05 用藤黄色绘制头发的暗部（图 4–119）。

06 用熟褐色深入刻画头发的暗部（图 4–120）。

07 用黄色绘制打底衣底色，然后用土黄色对其暗部进行加深（图 4–121）。

08 用粉色绘制裙子的底色（如果没有粉色的颜料，可以用百分之三十左右的大红色加上百分之五十左右的白色，再加上百分之二十的水调和成粉色。不过这个比例不是固定的，设计者可以根据自己的喜好或对颜色的需求加入不同比例的白色颜料和水，从而调和出自己想要的颜色），然后用赭石色刻画裙子的暗部（图 4–122）。

09 用深褐色刻画裙子上的格纹（图 4–123）。

10 用粉蓝色绘制外套的底色（如果没有粉蓝色颜料，可以用百分之五十的钴蓝颜料加入百分之四十左右的白色颜料和百分之十左右的水调和成粉蓝色，不过这个比例也不是固定的，也是可以根据自己的喜好来调配），然后用钴蓝色加水，即形成了淡蓝色。用淡蓝色绘制鞋子的底色（图 4–124）。

11 在原来配置的粉蓝色颜料里面再加入一点点深蓝色，刻画出外套及鞋子的暗部（图 4–125）。

12 用深蓝色深入刻画出外套及鞋子的暗部，再用白色颜料刻画出鞋子上的点状图案，最后用勾线笔对整体进行勾线（图 4–126）。

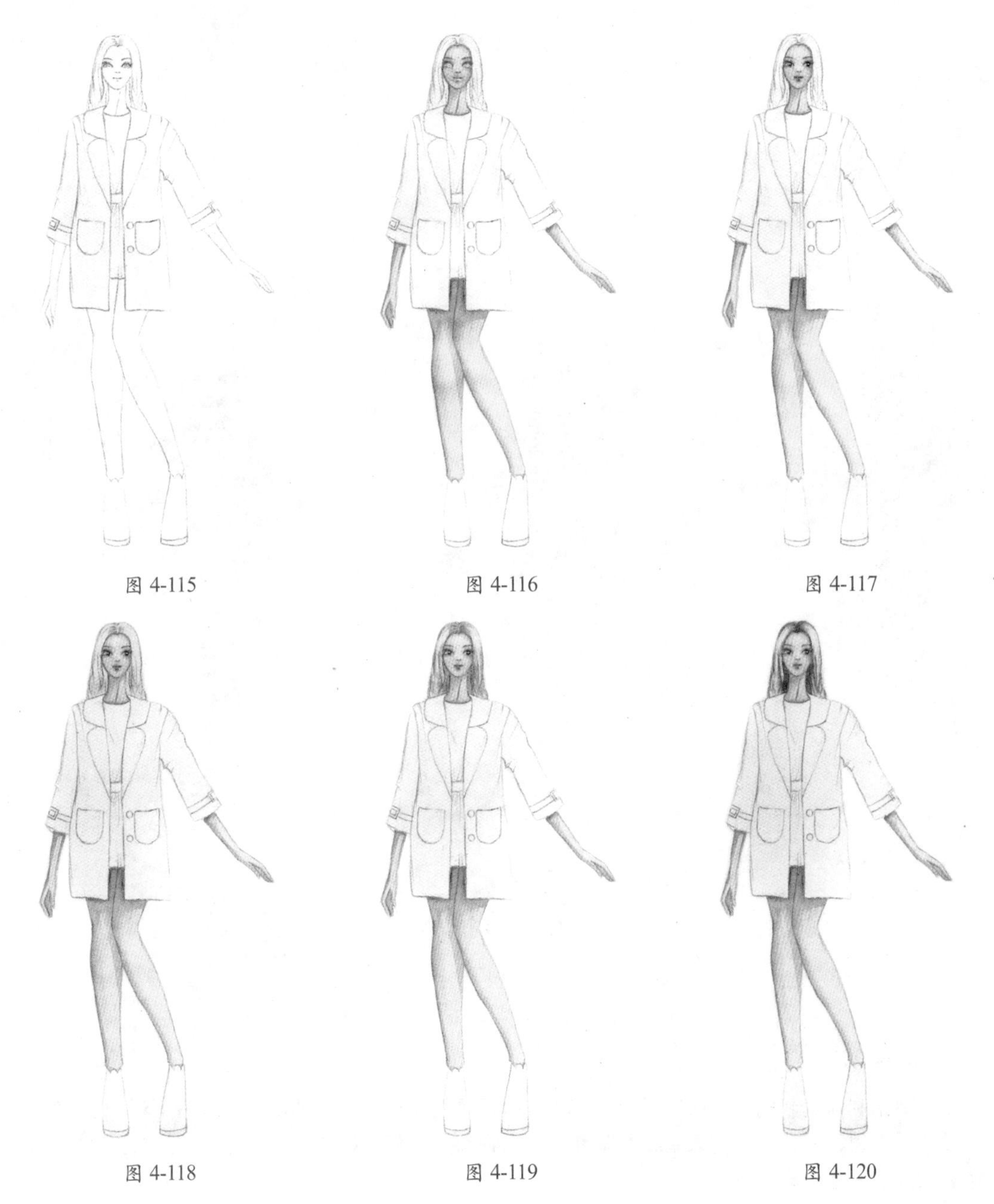

图 4-115　　图 4-116　　图 4-117

图 4-118　　图 4-119　　图 4-120

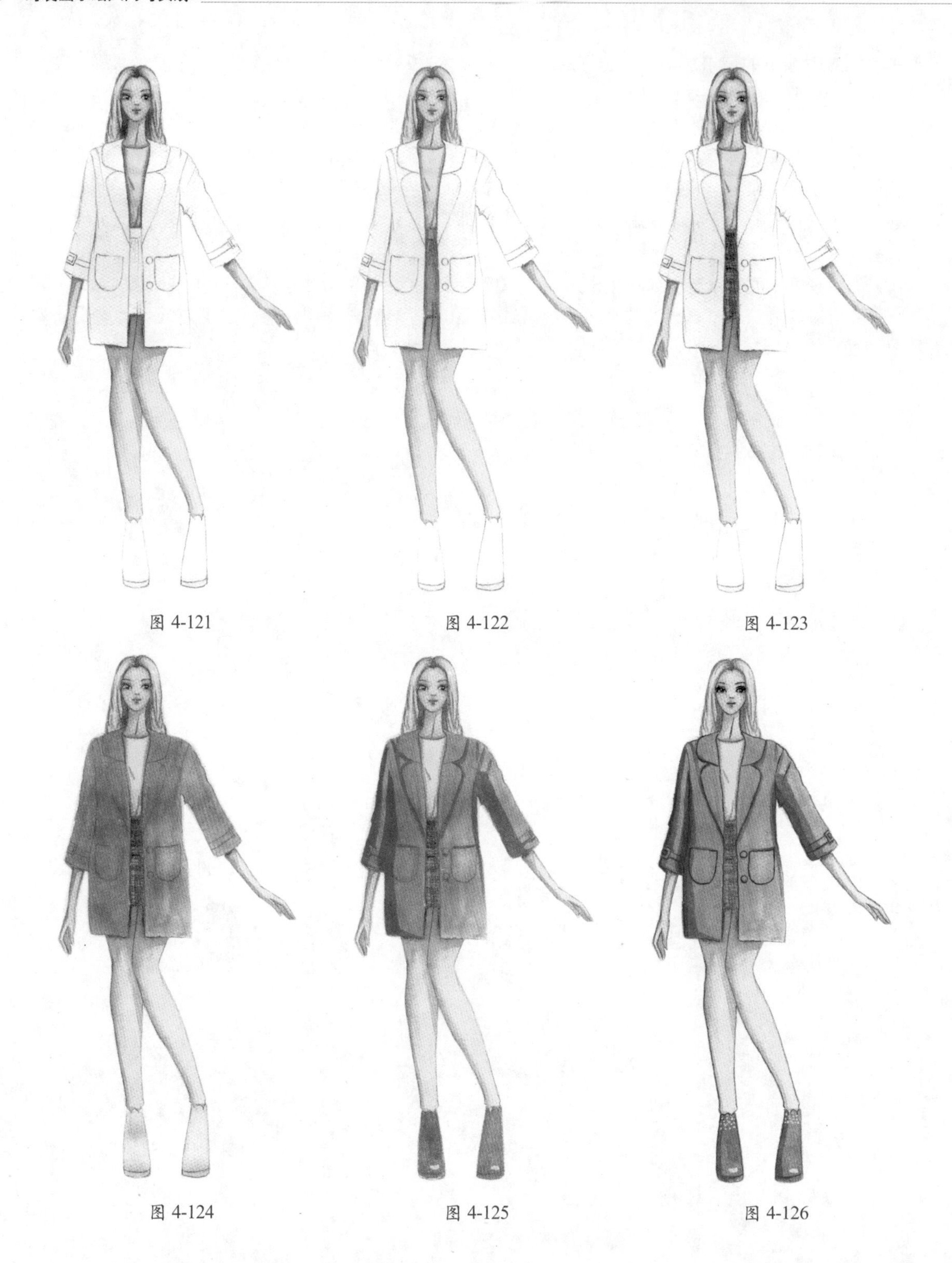

图 4-121　图 4-122　图 4-123

图 4-124　图 4-125　图 4-126

4.5.5 皮草面料

皮草是指利用动物的皮毛所制成的服装，具有保暖的作用。现在的皮草都较为美观，多运用在冬季服装中。狐狸、貂、貉子、獭兔和牛羊等毛皮动物都是皮草原料的主要来源。在绘制皮草面料时，颜色要由浅及深逐步刻画。

皮草面料的表现步骤分为四步。

01 用淡紫色绘制皮草面料的底色（图 4–127）。

02 用紫色刻画第一层皮草的颜色（图 4–128）。

03 用深紫色刻画第二层皮草的颜色（图 4–129）。

04 用黑色刻画皮草面料的暗部（图 4–130）。

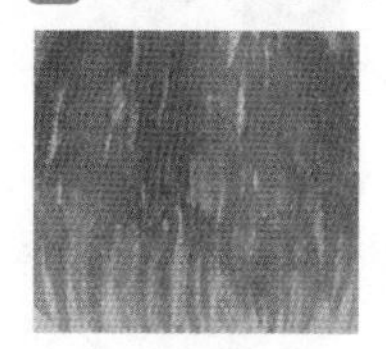
图 4-127

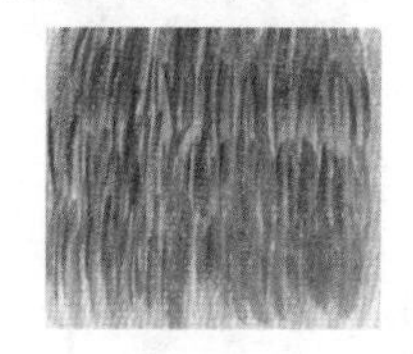
图 4-128

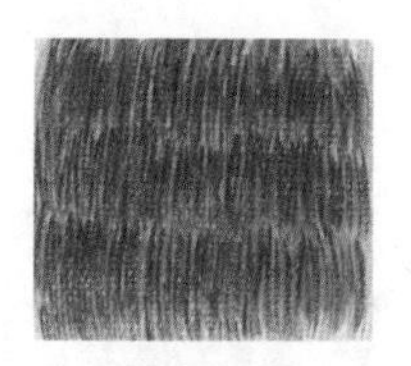
图 4-129

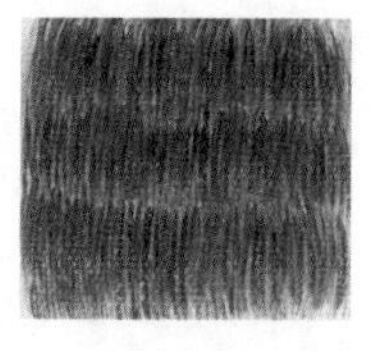
图 4-130

皮草面料的表现实例如下。

01 绘制出人体及服装线稿图（图 4–131）。

02 用淡赭石色绘制出皮肤的底色（图 4–132）。

03 用赭石色对皮肤的暗部进行加深（图 4–133）。

04 用褐色绘制头发的底色，注意高光部分留白（图 4–134）。

05 用熟褐色加深头发暗部（图 4–135）。

06 用蓝色绘制眼睛虹膜，用玫瑰红色绘制嘴唇，然后用勾线笔对头部勾线（图 4–136）。

07 用淡玫瑰红铺出皮草面料的第一层底色（图 4–137）。

08 用玫瑰红画出皮草面料的第二层颜色（图 4–138）。

09 用深玫瑰红刻画出皮草面料的第三层颜色（图 4–139）。

10 用淡玫瑰红绘制裙子及鞋子的底色，注意高光部分留白（图 4–140）。

11 用玫瑰红绘制裙子及鞋子暗部的颜色（图 4–141）。

12 用勾线笔勾出整体线稿（图 4–142）。

图 4-131

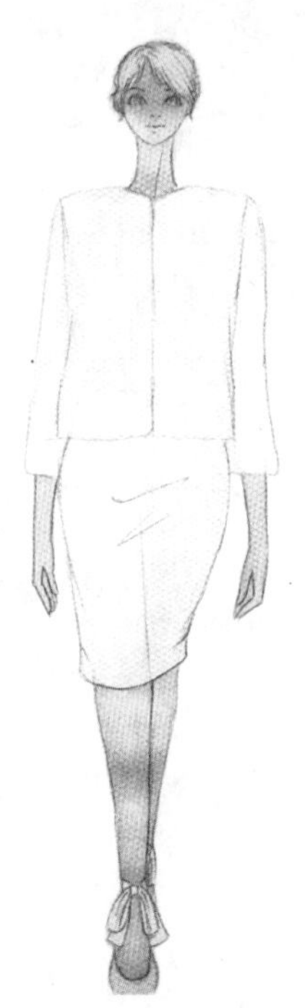
图 4-132

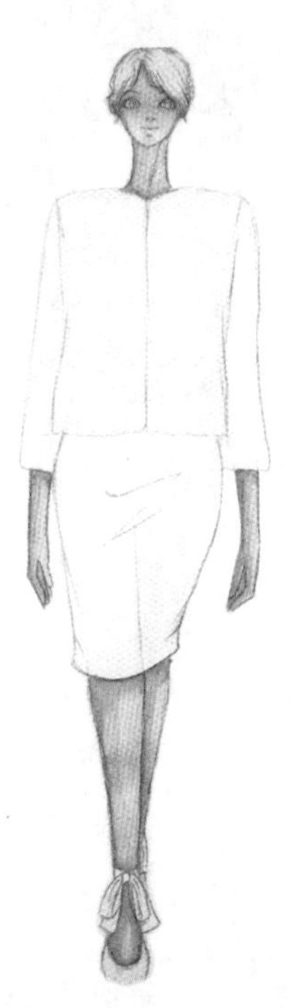
图 4-133

图 4-134

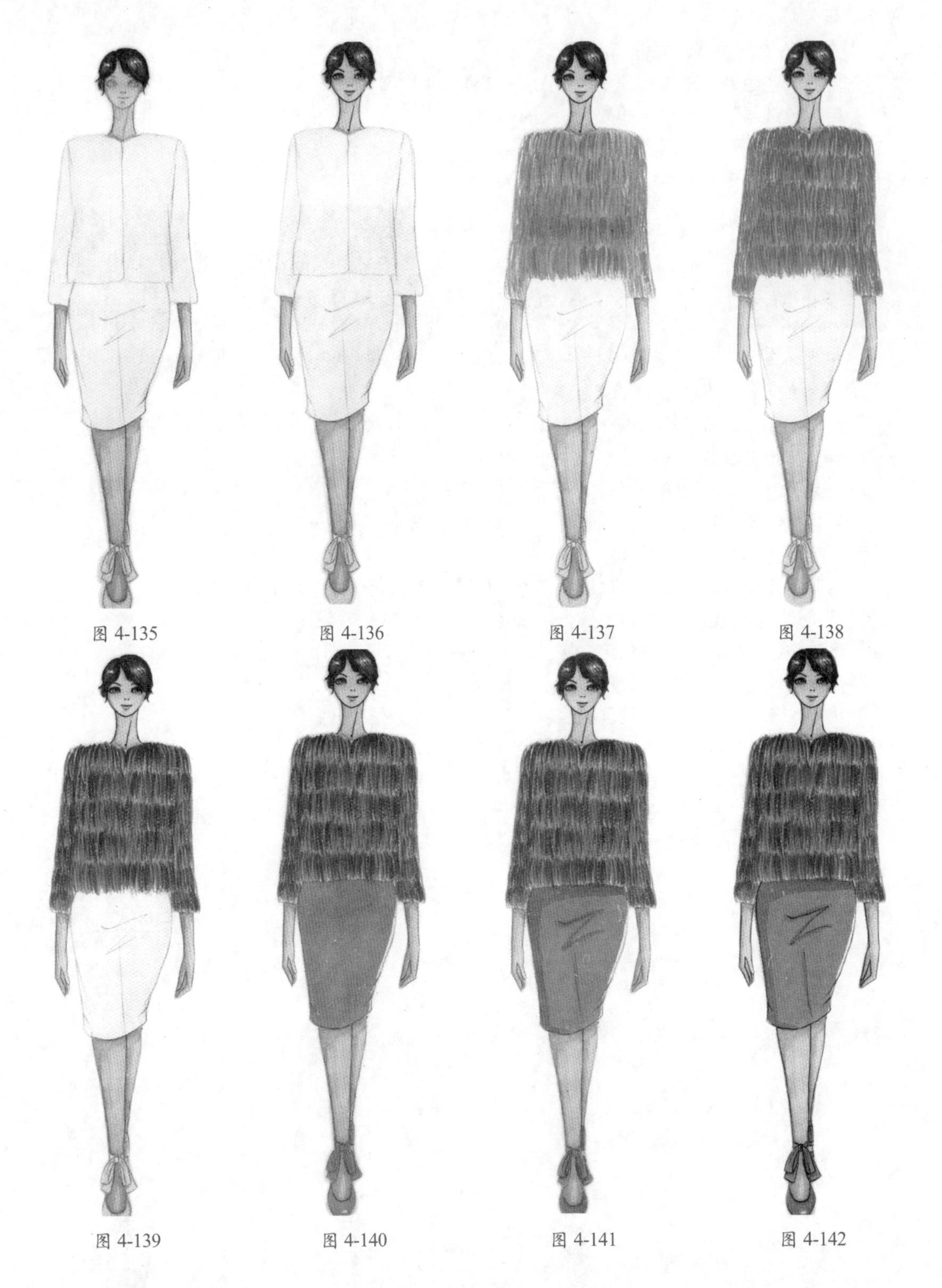

图 4-135　图 4-136　图 4-137　图 4-138

图 4-139　图 4-140　图 4-141　图 4-142

4.5.6　皮革面料

皮是经过脱毛和鞣制等物理、化学加工所得到的不易腐烂的动物皮。革是由天然蛋白质纤维在三维空间紧密编织构成的，其表面有一种特殊的粒面层。皮革面料具有光泽、手感舒适的特点，所以在绘制时，应当注意在其高光部分留白，这样更能突显其质感。

皮革面料的表现步骤分为三步。

01 用浅紫色绘制出皮革面料的底色，在高光部分留白（图 4–143）。

02 用紫色绘制面料的暗部（图 4–144）。

03 用黑色深入刻画面料的暗部（图 4–145）。

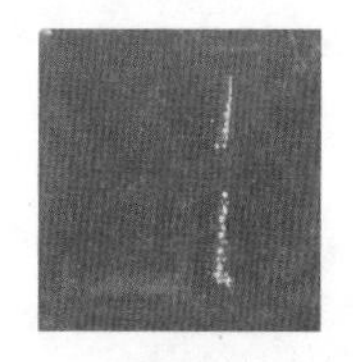

图 4-143

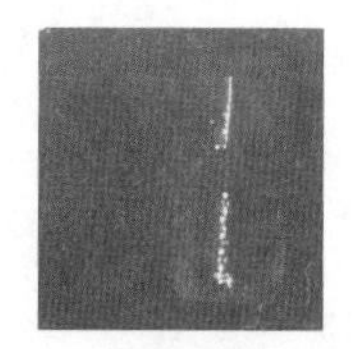

图 4-144

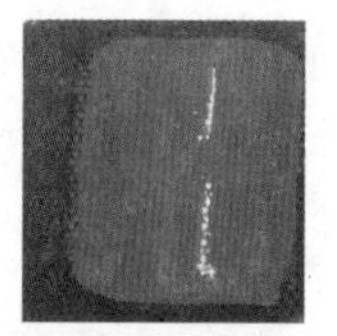

图 4-145

皮革面料的表现实例如下。

01 绘制出人体动态及服装线稿图（图 4–146）。

02 用淡赭石色绘制皮肤的底色（图 4–147）。

03 用赭石色加深皮肤的暗部（图 4–148）。

04 用黄色绘制头发的底色，注意高光部分留白（图 4–149）。

05 用藤黄色绘制头发的暗部及阴影（图 4–150）。

06 用土黄色深入刻画头发的暗部（图 4–151）。

07 用淡蓝色绘制眼睛虹膜和背心的底色；用红色绘制嘴唇（图 4–152）。

08 用蓝色加深背心的颜色，用浅灰色绘制上衣白色部分的暗部，用深灰色深入刻画暗部（图 4–153）。

09 用深蓝色刻画背心的暗部（图 4–154）。

10 用深灰色绘制裤子的底色，注意高光部分留白（图 4–155）。

11 用黑色绘制裤子的暗部；用灰色绘制鞋子的底色，同样对高光部分进行留白，用黑色刻画鞋子的暗部（图 4–156）。

12 用勾线笔对整体进行勾线（图 4–157）。

图 4-146

图 4-147

图 4-148

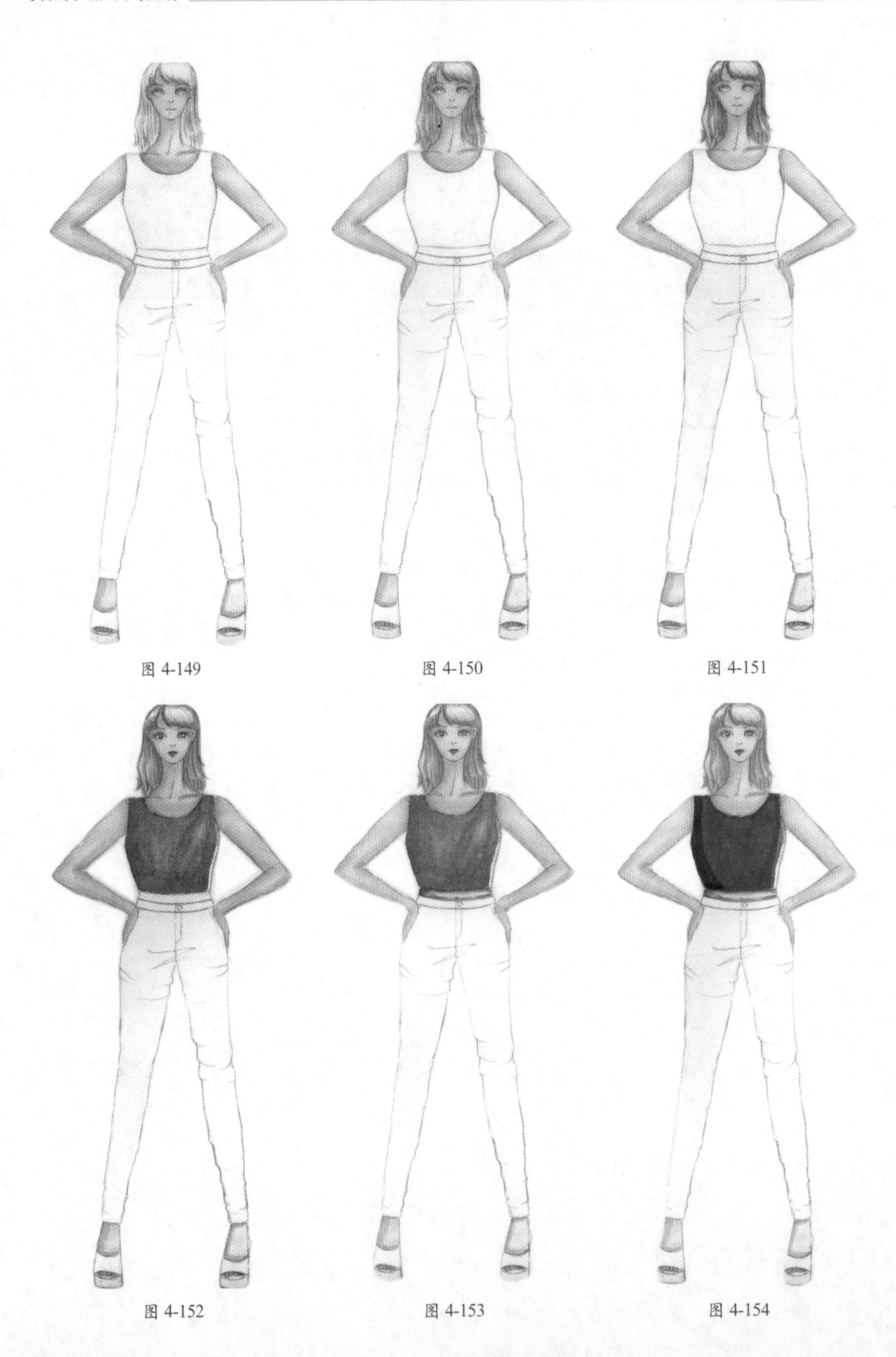

图 4-149　图 4-150　图 4-151

图 4-152　图 4-153　图 4-154

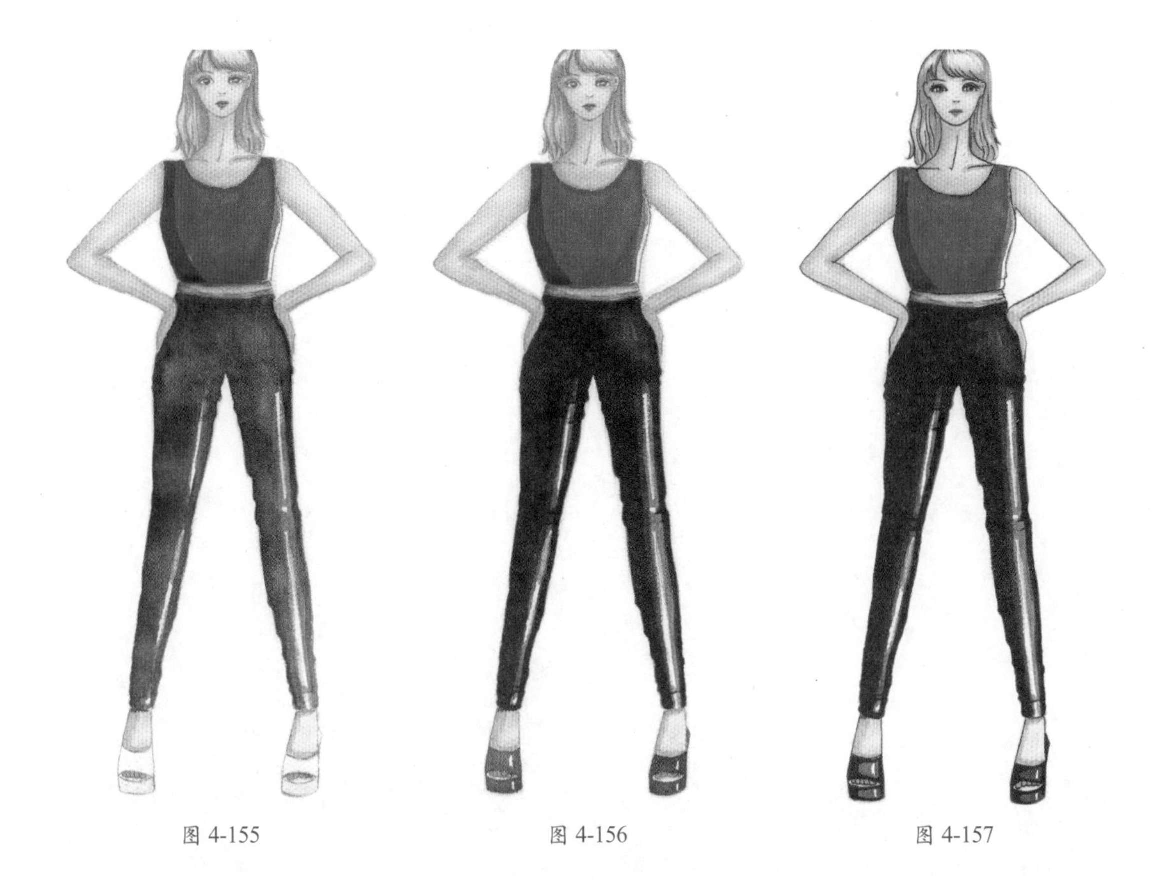

图 4-155　　图 4-156　　图 4-157

4.5.7　薄纱面料

薄纱即纱布，薄纱面料的特征是飘逸、轻薄。在表现薄纱面料时，线条可以轻松、自然、随意。薄纱面料的表现步骤分为三步。

01 用淡紫色绘制面料的底色（图 4–158）。

02 用紫色刻画面料的暗部或褶皱部分（图 4–159）。

03 再用深紫色深入刻画面料的褶皱（图 4–160）。

图 4-158

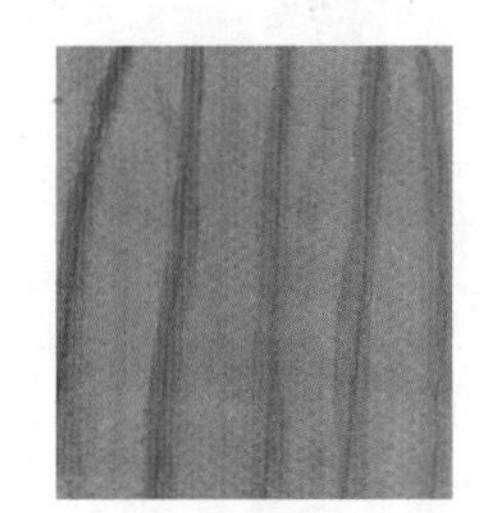

图 4-159

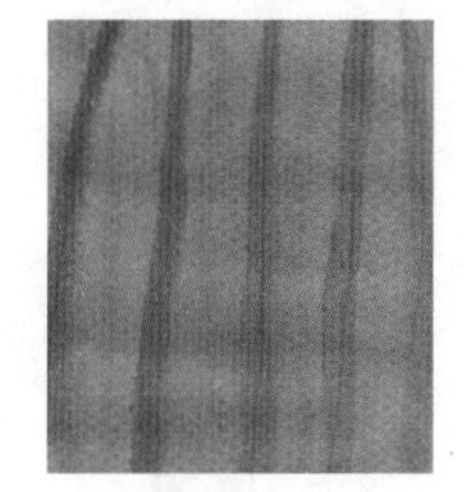

图 4-160

薄纱面料的表现实例如下。

01 绘制出人体及服装线稿图，然后用淡赭石色绘制皮肤的底色（图 4–161）。

02 用赭石色加深皮肤暗部（图 4–162）。

03 用黄色绘制出头发的底色，用淡土黄色对头发的暗部进行加深，然后用土黄色深入刻画头发的暗部（图 4–163）。

04 用蓝色绘制眼睛虹膜的颜色，用红色绘制嘴唇的颜色（图 4–164）。

05 用浅蓝色绘制裙子布料部分的底色，然后用深蓝色绘制裙子布料部分的暗部（图 4–165）。

06 用淡蓝色绘制裙子薄纱部分的底色（图 4–166）。

07 用深蓝色绘制裙子布料部分的褶皱，用浅蓝色绘制裙子薄纱部分的褶皱（图 4–167）。

08 用灰色刻画鞋子的暗部（图 4–168）。

09 用勾线笔对整体进行勾线（图 4–169）。

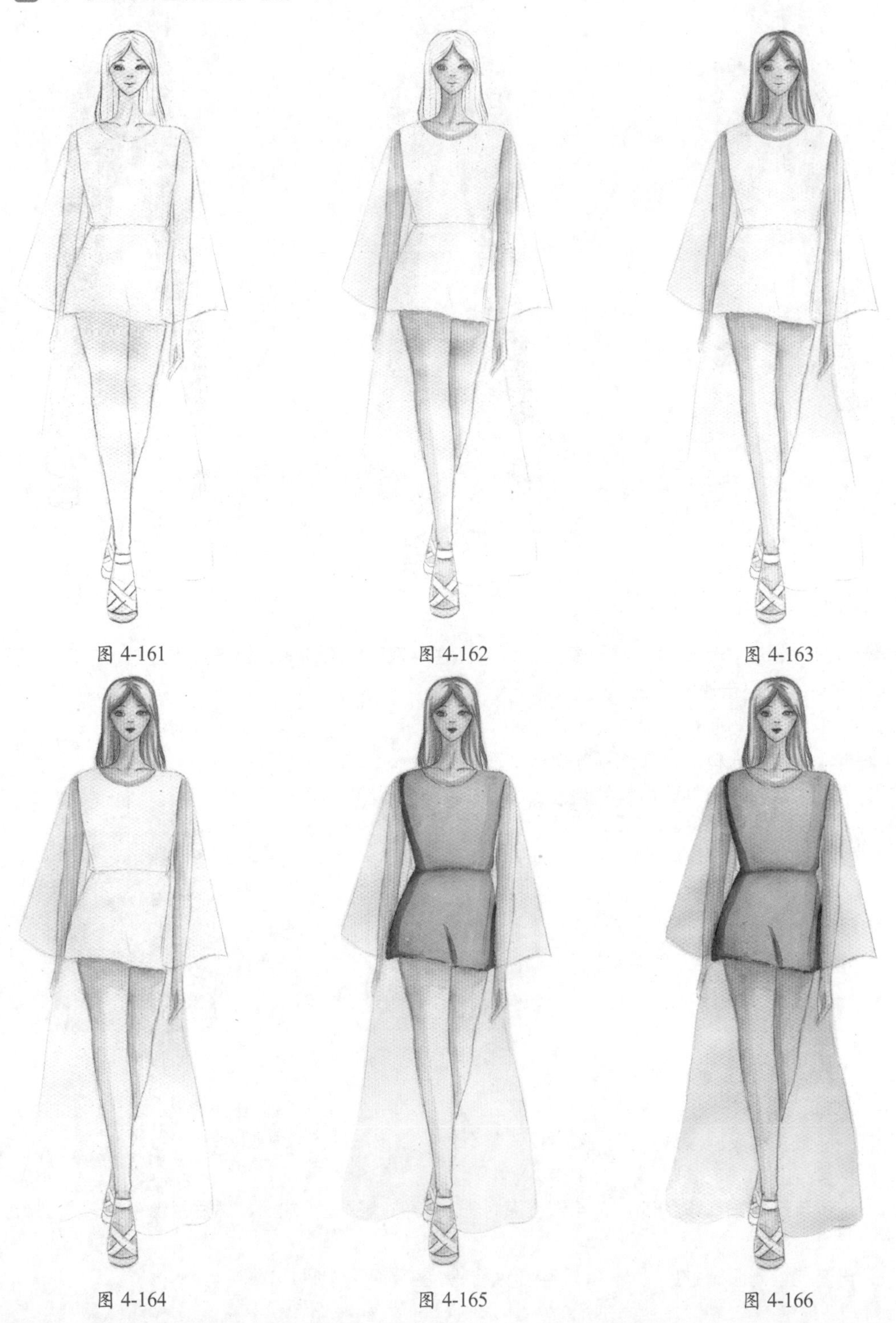

图 4-161　图 4-162　图 4-163

图 4-164　图 4-165　图 4-166

图 4-167

图 4-168

图 4-169

4.6 范例临本

在用水彩作画时，需要掌控好水分。在颜料中加入的水分越多，颜色就会变得越淡，反之颜色则越浓。在表现同种颜色面料的明暗关系时，通常就会需要用到颜料与水的结合，根据颜料中加入的水分的不同，调和出不同浓度的颜色，借以表现出服装的层次感、立体感。

4.6.1 范例一

休闲服装多以宽松款式为主，绘制宽松的 T 恤、背带等，再加上鲜亮的服装颜色，更能体现出休闲风格。背带服装的绘制范例如下。

01 绘制出人体动态及服装线稿图（图 4–170）。

02 用淡赭石色绘制皮肤的底色，用深点的赭石色绘制皮肤的暗部。然后用蓝色绘制眼睛虹膜，用红色绘制嘴唇（图 4–171）。

03 用黄色绘制头发的底色，注意高光部分的留白（图 4–172）。

04 用藤黄色绘制头发的暗部（图 4–173）。

05 用熟褐色深入刻画头发的暗部（图 4–174）。

06 用淡湖蓝色绘制 T恤的底色（图 4–175）。

07 用湖蓝色绘制 T 恤暗部的颜色（图 4–176）。

08 用黄色绘制裤子和鞋子的底色，然后用勾线笔勾出五官（图 4–177）。

09 用土黄色绘制裤子和鞋子的暗部。用勾线笔刻画出鞋子上的细节，然后勾出整体线稿（图 4–178）。

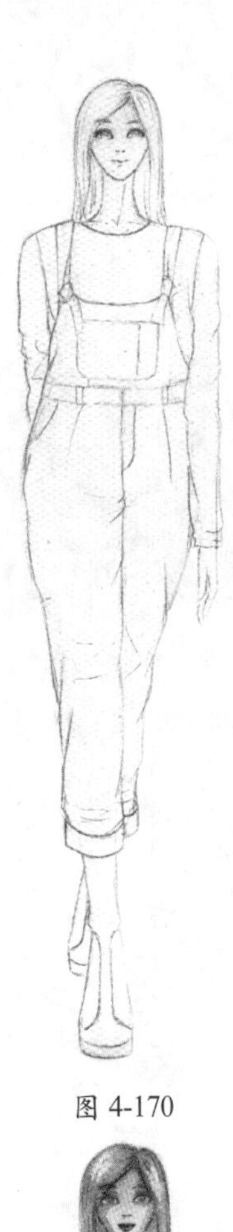

图 4-170

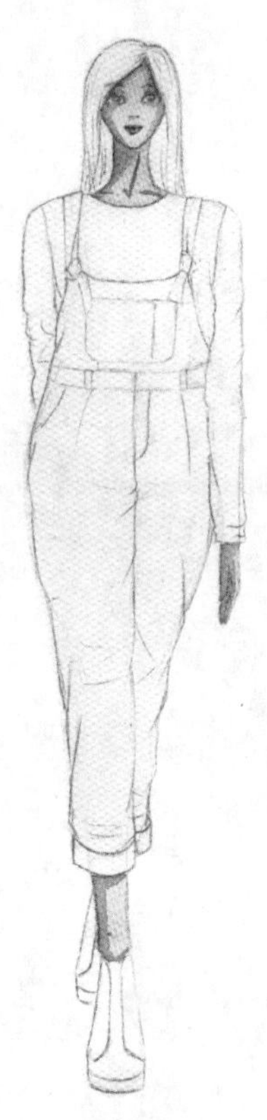

图 4-171

图 4-172

图 4-173

图 4-174

图 4-175

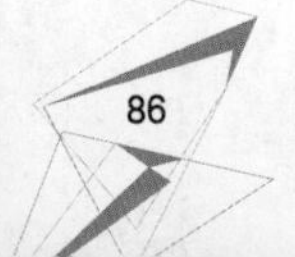

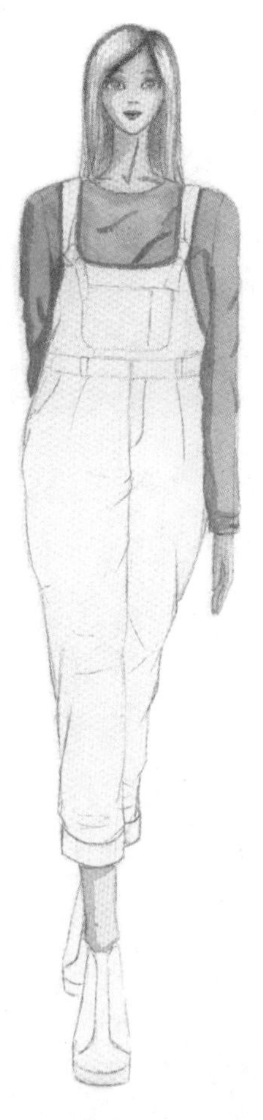

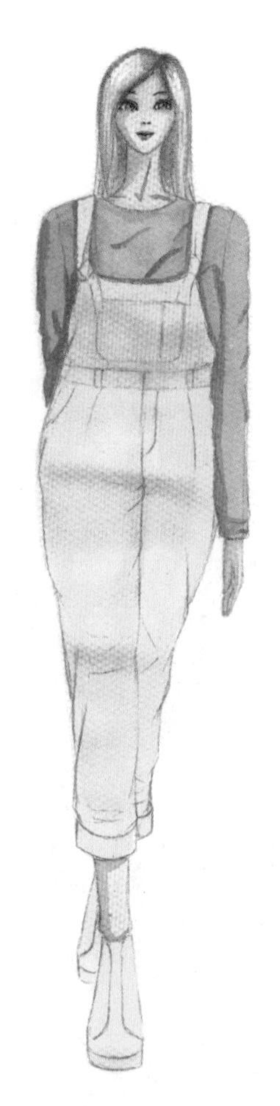

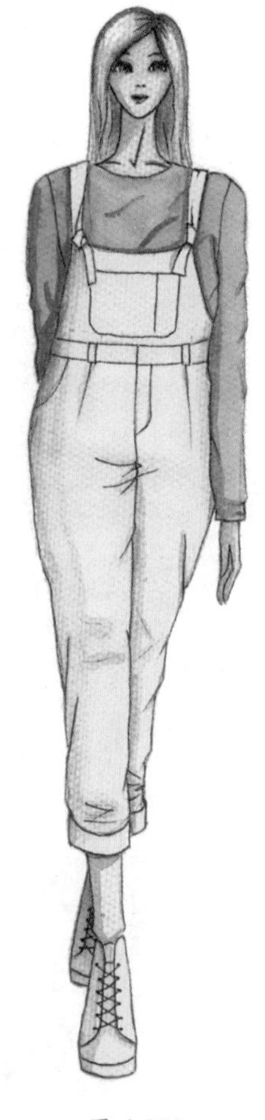

图 4-176

图 4-177

图 4-178

4.6.2　范例二

小礼服不如长礼服那般隆重，但却能够突显人物活泼、可爱及优雅的特点，也是礼服中经常见到的。

小礼服的表现步骤如下。

01 绘制出人体动态及服装线稿图（图 4–179）。

02 用淡赭石色绘制皮肤的颜色，然后用赭石色对皮肤的暗部进行加深（图 4–180）。

03 用黄色绘制头发的底色，然后用藤黄色绘制头发的暗部（图 4–181）。

04 用土黄色深入刻画头发的暗部（图 4–182）。

05 用蓝色绘制眼睛虹膜，用红色绘制嘴唇（图 4–183）。

06 用浅湖蓝色绘制裙子的底色，注意高光部分留白（图 4–184）。

07 用深点的湖蓝色绘制裙子暗部（图 4–185）。

08 用青绿色深入刻画裙子的暗部（图 4–186）。

09 用淡蓝色绘制裙子薄纱部分的底色，用湖蓝色绘制鞋子的底色，注意高光部分留白（图 4–187）。

10 用湖蓝色绘制薄纱面料部分的暗部。用较深的湖蓝色绘制鞋子的暗部（图 4–188）。

11 用白色刻画出裙子上面的点状图案（图 4–189）。

12 用勾线笔对整体进行勾线（图 4–190）。

图 4-179

图 4-180

图 4-181

图 4-182

图 4-183

图 4-184

图 4-185

图 4-186

图 4-187

图 4-188

图 4-189

图 4-190

4.6.3 范例三

相较于男士西装或正装而言，女士小西装更多的应该表现得休闲、随意，是能够在日常生活中作为外套来穿搭的。

女士小西装的表现如下。

01 绘制出人体及服装线稿图（图 4–191）。

02 用淡赭石色绘制皮肤的底色，然后用深点的赭石色绘制皮肤的暗部（图 4–192）。

03 用淡熟褐色绘制头发的底色，然后用深点的熟褐色绘制头发的暗部，刻画出发丝。再用熟褐色绘制眼睛虹膜，然后用红色绘制嘴唇（图 4–193）。

04 用淡土黄色绘制帽子的底色，然后用深点的土黄色加深帽子的暗部，最后用熟褐色深入刻画帽子的暗部（图 4–194）。

05 用黑色刻画出帽子上不规则的豹纹图案（图 4–195）。

06 用黄色绘制打底衣的底色，然后用土黄色对其暗部进行加深（图 4–196）。

07 用淡粉色绘制外套的底色，注意高光部分留白（图 4–197）。

08 用深点的粉色绘制外套的暗部（图 4–198）。

09 用深粉色深入刻画外套的暗部（图 4–199）。

10 用浅灰色绘制白色裤子的暗部；用浅粉色绘制鞋子的底色，注意高光部分留白（图 4–200）。

11 用深灰色深入刻画裤子的暗部，再用深点的粉色刻画鞋子的暗部（图 4–201）。

12 用勾线笔刻画出帽子上的网状部分，同时用勾线笔对整体进行勾线（图 4–202）。

图 4-191　　图 4-192　　图 4-193

图 4-194 图 4-195 图 4-196

图 4-197 图 4-198 图 4-199

图 4-200

图 4-201

图 4-202

4.6.4　范例四

连衣裙是女性最具代表性的服装，同样也是秀场上必不可少的服装款式。

连衣裙的表现步骤如下。

01 绘制出人体动态及服装线稿图（图 4–203）。

02 用淡赭石色绘制出皮肤的底色，然后用深点的赭石色加深皮肤的暗部（图 4–204）。

03 用黄色绘制头发的底色，注意高光部分留白。然后用蓝色绘制眼睛虹膜的颜色，用红色涂出嘴唇的颜色。在绘制眼睛和嘴唇的颜色时，也可以对高光部分进行留白（图 4–205）。

图 4-203

图 4-204

图 4-205

04 用土黄色加深头发的暗部（图 4–206）。

05 用灰色绘制裙子的暗部（图 4–207）。

06 用勾线笔刻画出裙子上的花纹图案，然后对整体的暗部进行勾线（图 4–208）。

图 4-206　　图 4-207　　图 4-208

第5章 彩铅表现技法

彩铅画是介于素描和色彩之间的绘画形式。它的独特性在于色彩丰富且细腻，利用彩铅的形式完成服装效果图，可以表现出较为轻盈、通透的服装质感，这种效果是其他工具、材料所不能达到的。所以我们在绘制服装彩铅效果图时，只有充分利用到彩铅的独特性的作品，才算是真正的服装彩铅效果图。

5.1 彩铅使用技法

彩铅是我们日常生活中运用得比较多的且运用起来比较方便的绘图工具。彩铅画法也是服装表现技法中常用的一种，因此学习好彩铅的使用技法，是绘制服装彩铅效果图中很重要的一部分。彩铅的使用技法包括三个方面：平涂排线法、叠彩法、水溶退晕法。

5.1.1 平涂排线法

平涂排线法是运用彩色铅笔，均匀排列出铅笔线条，以达到色彩一致的效果的方法。平涂排线法又可分为两类，即平涂法和排线法。

1. 平涂法

平涂要拿捏好轻重，另外不能把笔头削尖，使用打磨好的圆笔头平涂，这样可以保证上色均匀、细腻、深浅一致。平涂的方式一般有八种。

（1）平涂：把铅笔放倒，用侧面扫开 (图 5–1)。
（2）粉图：用铅笔削粉末，用面纸均匀晕开（图 5–2）。
（3）点描：直立铅笔，打击出无数小点（图 5–3）。
（4）排线晕染：排线过后，用面纸晕开（图 5–4）。
（5）螺旋线：一圈一圈地绕着画（图 5–5）。
（6）波纹线：画出像木纹或者波浪的线（图 5–6）。
（7）鱼鳞纹：画出像鱼鳞一样的勾勾（图 5–7）。
（8）画线：有气势的、爽利地画出（图 5–8）。

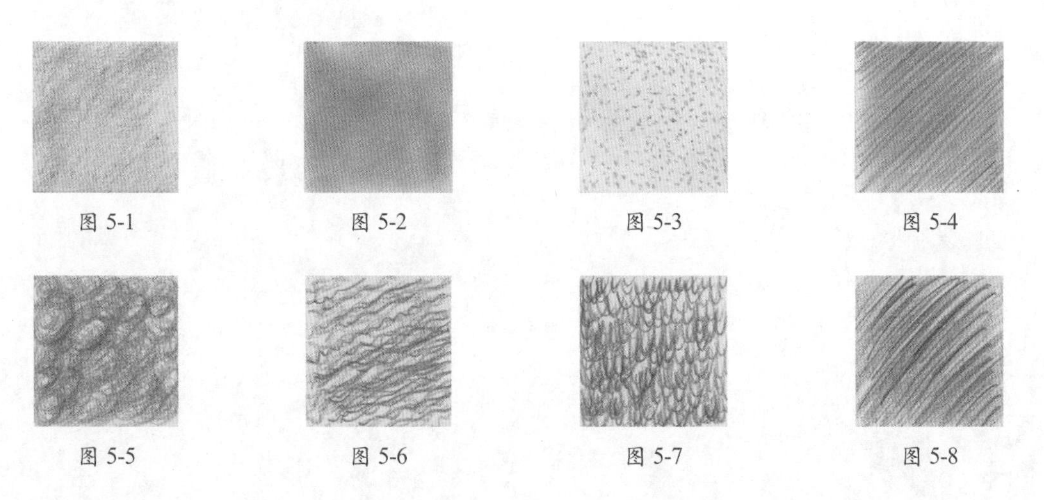

图 5-1　图 5-2　图 5-3　图 5-4

图 5-5　图 5-6　图 5-7　图 5-8

这些绘制方法多加练习就很好掌握，关键还是下笔的力道要均匀。

2. 排线法

排线是在使用彩铅画阴影效果时，表现出的平行而密集的短线，可以有不同的方向，在明暗分界处需要多组不同方向的排线重叠画上，以此增加颜色深度。

绘画中，排线是很重要的，一幅画除了形准和明暗外，排线是一幅画看着是否整洁、是否震撼的一个很重要的标准。暗的地方下笔重，排线密，明的地方下笔轻，排线疏。

排线的方式有三种。

排线：线的方向一致，线条间的间距均匀（图 5–9）。

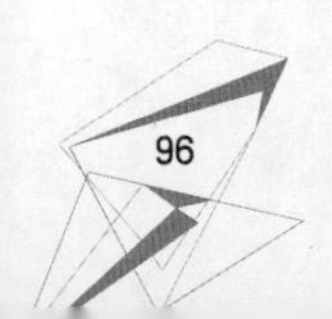

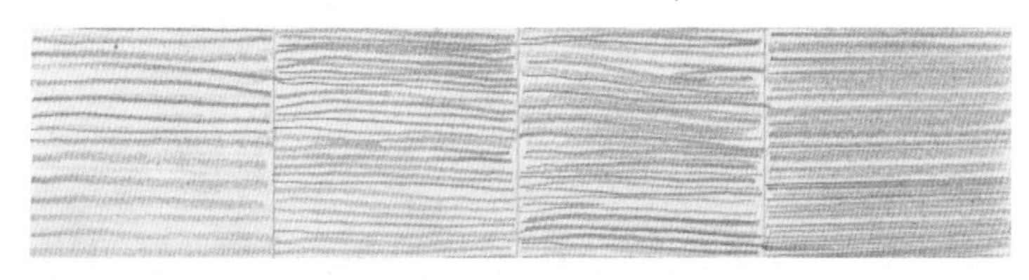

图 5-9

交叉线：可用来表现阴影和人物皮肤（图 5–10）。

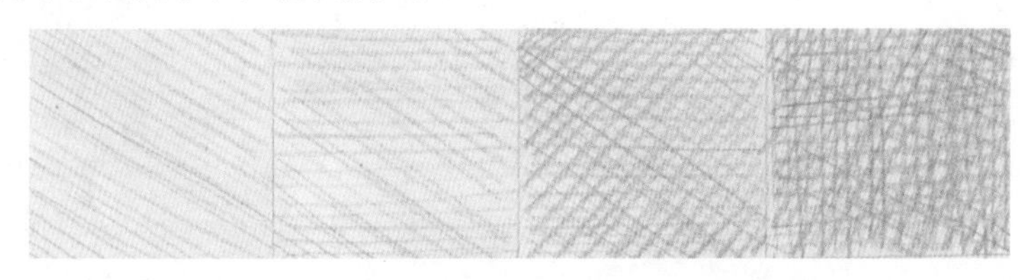

图 5-10

平涂线：适宜表现细腻的地方，但用得不好会显“脏”（图 5–11）。

图 5-11

排线技巧

经常练习，可以保证拿笔的手不会抖，手腕的力量要传达到手上，手不要用力，靠手腕的力量带动手来运笔，这样排线的效果会比较好。

如果要排长线的话，那就把手和手腕看作一个整体，使用整只前臂用力，以此带动手腕和手来排线。

5.1.2　叠彩法

叠彩法是运用彩色铅笔排列出不同色彩的铅笔线条，色彩可重叠使用，其变化较为丰富。

1. 配色

在运用叠彩技法前，先要对色彩的配色有所了解。红（图 5–12）、黄（图 5–13）、蓝（图 5–14）三原色是不能通过其他颜色的混合调配得到的。而按照不同的比例分别将原色混合，可以得到新的颜色（图 5–15、图 5–16、图 5–17）。

图 5-12

图 5-13

图 5-14

图 5-15

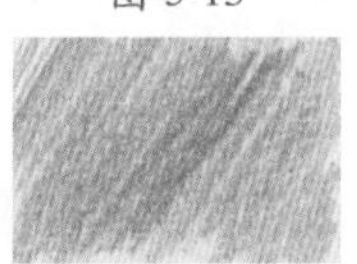

图 5-16

图 5-17

黑白灰被称为无色系，也称为中性色。能与任何色彩起到搭配的效果，用以突出其他的颜色。

2. 叠色

叠彩即叠色，把两种或两种以上的颜色叠加在一起，产生丰富的颜色层次效果。

两种颜色的叠色，可以使颜色变得更为丰富，更显灵动。下面是几种常用色彩的叠彩效果（图5–18~ 图5–29）。

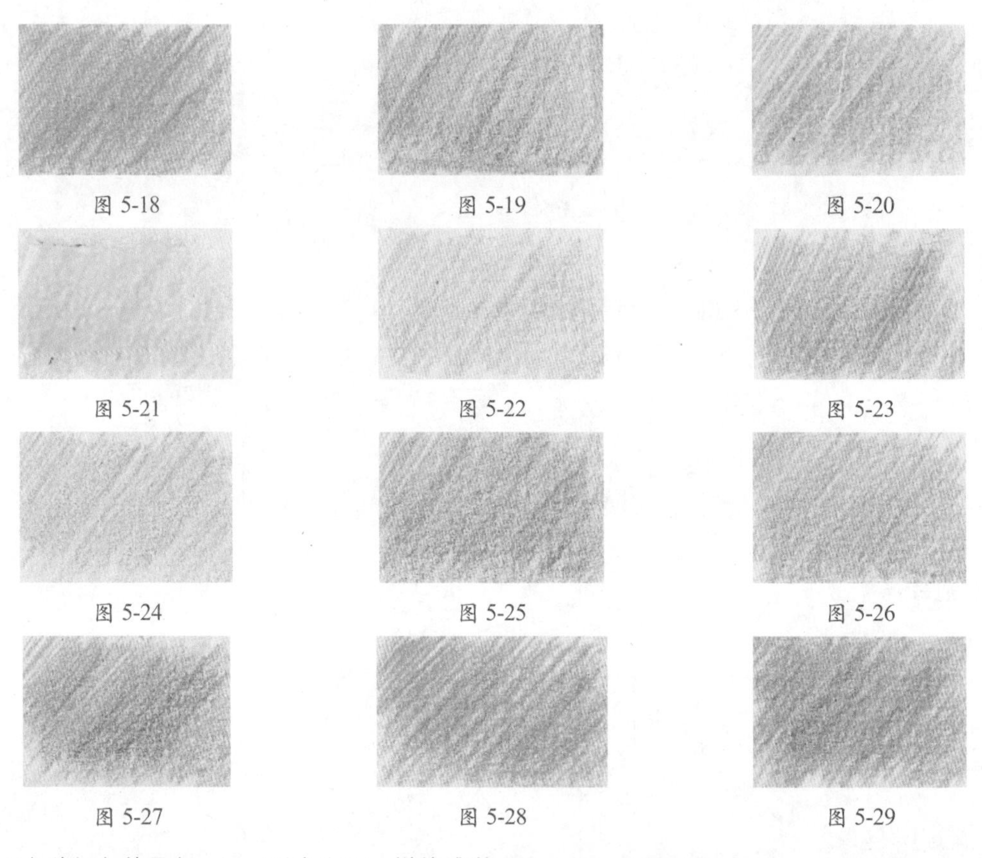

图 5-18　图 5-19　图 5-20

图 5-21　图 5-22　图 5-23

图 5-24　图 5-25　图 5-26

图 5-27　图 5-28　图 5-29

而多种颜色的叠色，还可以产生不一样的感觉（图5–30~ 图5–33）。

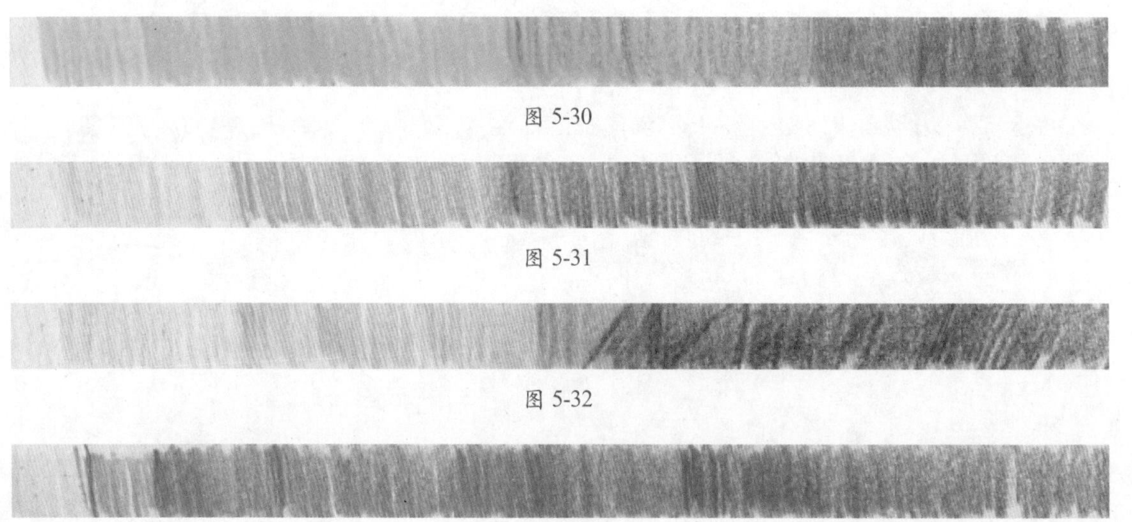

图 5-30

图 5-31

图 5-32

图 5-33

5.1.3　水溶退晕法

水溶性彩色铅笔特征：能柔和彩色铅笔的粗糙线条，晕染后的颜色会呈现出水彩的效果。

水溶退晕法：利用水溶性彩铅溶于水的特点，将彩铅线条与水融合，达到退晕的效果。水溶后颜色的轻重取决于使用彩色铅笔的轻重，也就是要在水溶前注意颜色的轻重和所要晕染的颜色间的直接关系。

单色退晕效果（图 5–34 和图 5–35）。

双色退晕效果（图 5–36和图 5–37）。

多色退晕效果（图 5–38和图 5–39）。

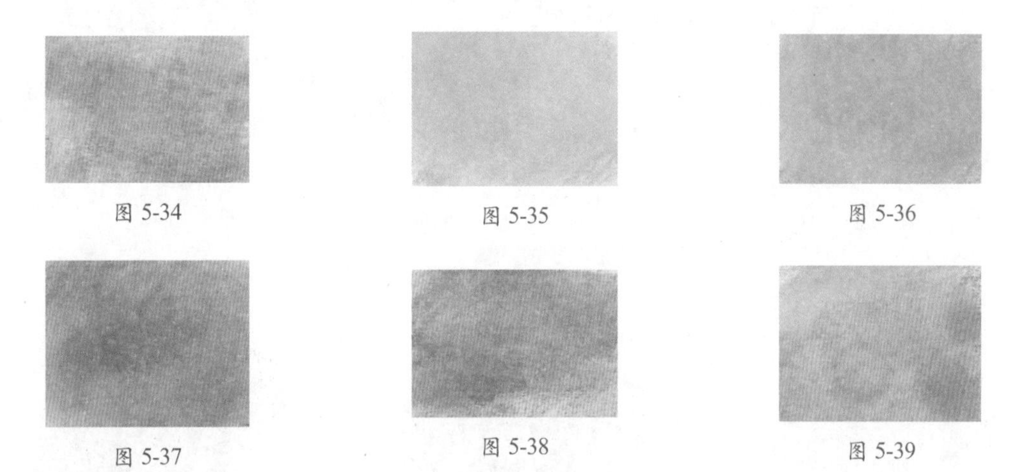

图 5-34　图 5-35　图 5-36

图 5-37　图 5-38　图 5-39

通过水衔接、过渡颜色，可以发挥水溶性彩色铅笔的特点。在画面上加水的时候要注意，一定要等前一次水溶后的颜色干透了以后再加水调和，这样色彩会更加透明和柔和。

5.2　头部上色技法表现

在利用彩铅表现人物头部时，需要注意彩铅线条的表现，将排线和平涂的方式相结合，能更好地表现出人物的头部。

5.2.1　发型

头发是展现人物性格特征的重要部分，如何绘制出有质感的头发，是利用彩铅绘制人物发型的关键。用彩铅绘制人物发型时，主要分为六个步骤。

01 先绘制好人物头像的线稿（图 5–40）。

02 用浅黄色将头发的底色铺出来（图 5–41）。在每次绘制头发颜色时，注意头发的走向和发丝的表现。

03 选择橘黄色采用叠彩法对头发进行上色，注意暗部加深（图 5–42）。

04 用赭石色绘制头发的阴暗部，刻画头发的层次感（图 5–43）。

05 选择熟褐色采用叠彩法对头发的暗部进行上色，深入刻画头发的层次感（图 5–44）。

06 用黑色刻画头发阴影部分的颜色，使头发的层次感更明显，展现出头发的立体感（图 5–45）。

图 5-40　　图 5-41　　图 5-42

图 5-43　　图 5-44　　图 5-45

5.2.2　五官

人物的五官是时装画绘画的重点之一，只要把握好五官的绘制，就能表现出人物特征。

1．眼部

用彩铅刻画人物眼部与刻画人物眼部线稿步骤类似，只是在用彩铅绘制人物眼部时，会用到不同颜色的彩铅来表现眼睛的各个部位，让眼部显得更真实。

眼部的绘制步骤如下。

01 先绘制好眼部的线稿（图 5–46和图 5–47）。

02 用黑色刻画出人物的上睫毛，把眼球内部的瞳仁画出来；用黄褐色绘制出瞳仁较浅的颜色，注意高光部分留白（图 5–48 和图 5–49）。

03 用红赭色刻画眼眶的线条，然后用黑色点缀下睫毛，增加眼部的灵动性（图 5–50 和图 5–51）。

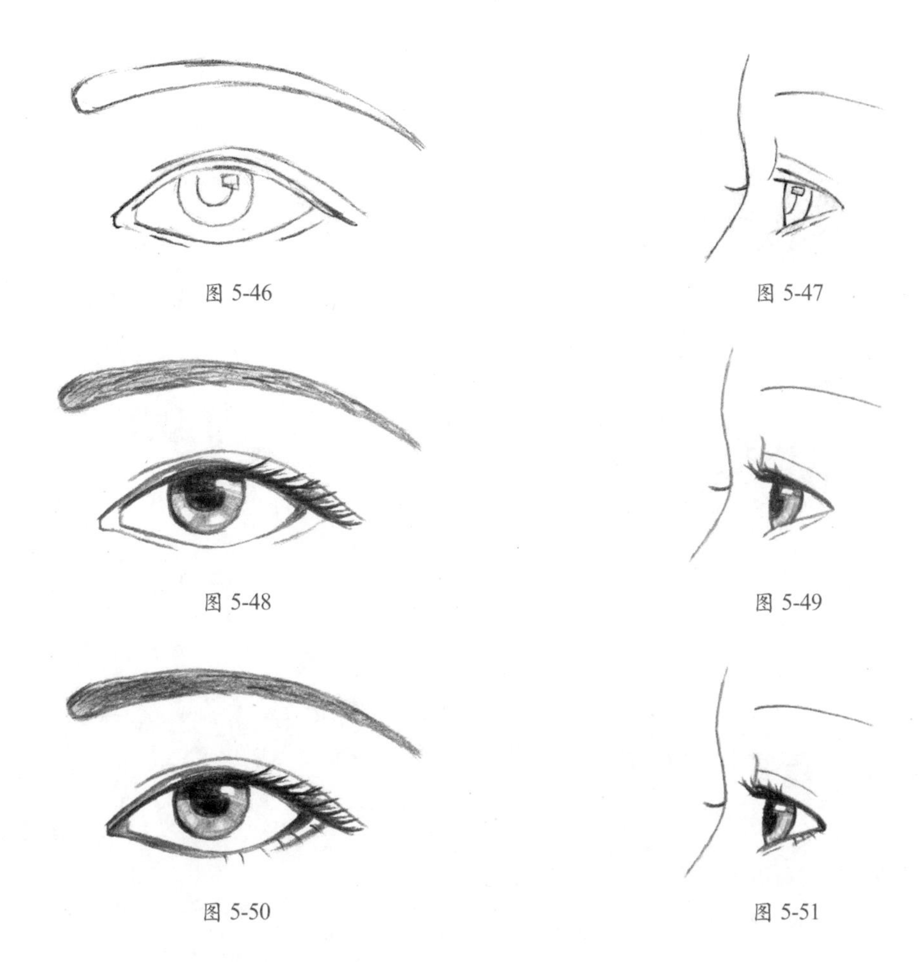

图 5-46　图 5-47

图 5-48　图 5-49

图 5-50　图 5-51

2．**嘴部**

刻画嘴唇时，需要表现出嘴部的立体感，因光线一般由上至下投射，所以上嘴唇和下嘴唇的下半部分都比较暗，同时下嘴唇的上半部分应当有上嘴唇的阴影，所以也是嘴唇的暗部。

01 先绘制好嘴部的线稿（图 5–52和图 5–53）。

02 用黄褐色为嘴唇上颜色，注意高光部分留白（图 5–54 和图 5–55）。

03 用大红色继续刻画嘴唇的颜色，特别要强调嘴唇的暗部、嘴角（图 5–56 和图 5–57）。

04 用深褐色在嘴唇最暗的部分涂出少量的重色，然后用橡皮轻轻擦拭上完色的唇部，让唇部的颜色更显柔和（图 5–58 和图 5–59）。

图 5-52

图 5-53

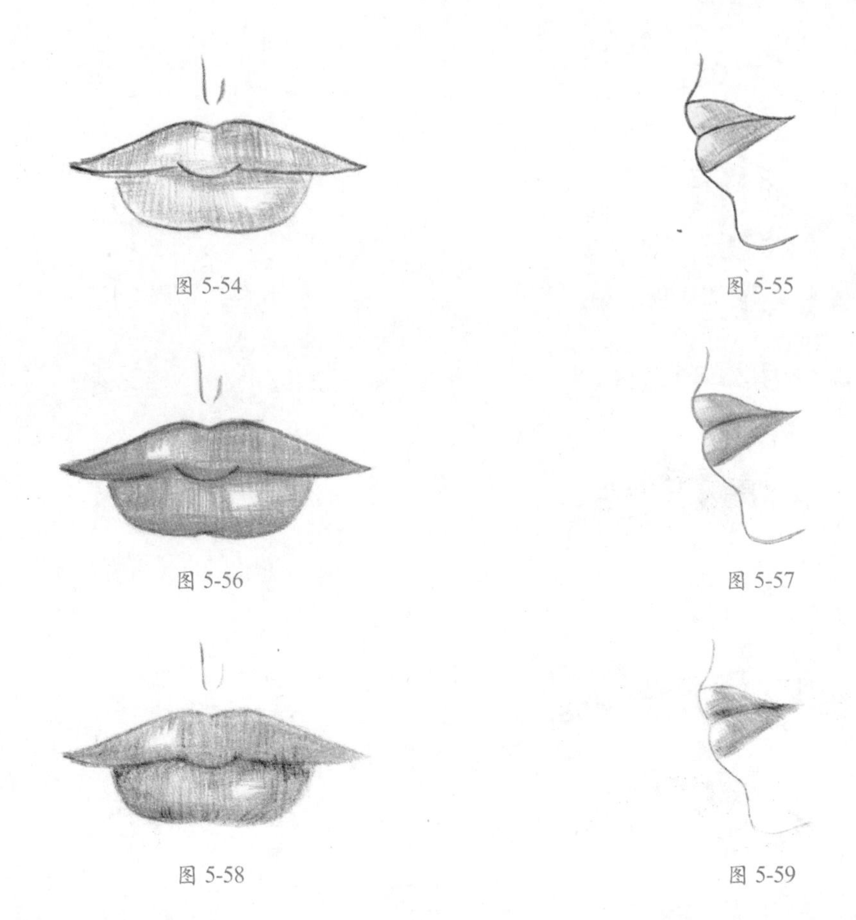

图 5-54　图 5-55

图 5-56　图 5-57

图 5-58　图 5-59

3．鼻部

用彩色铅笔绘制鼻子部分，先绘制出鼻子部分的大致轮廓，然后再用彩铅表现出鼻子部分的明暗关系即可。

01 先画出鼻子的线稿（图 5–60和图 5–61）。

02 用红赭色对鼻子进行上色，注意高光部分留白（图 5–62 和图 5–63）。

03 继续用赭红色采用叠彩法对鼻子进行上色，注意加深鼻子的暗部（图 5–64 和图 5–65）。

04 用黑色刻画鼻孔的颜色（图 5–66 和图 5–67）。

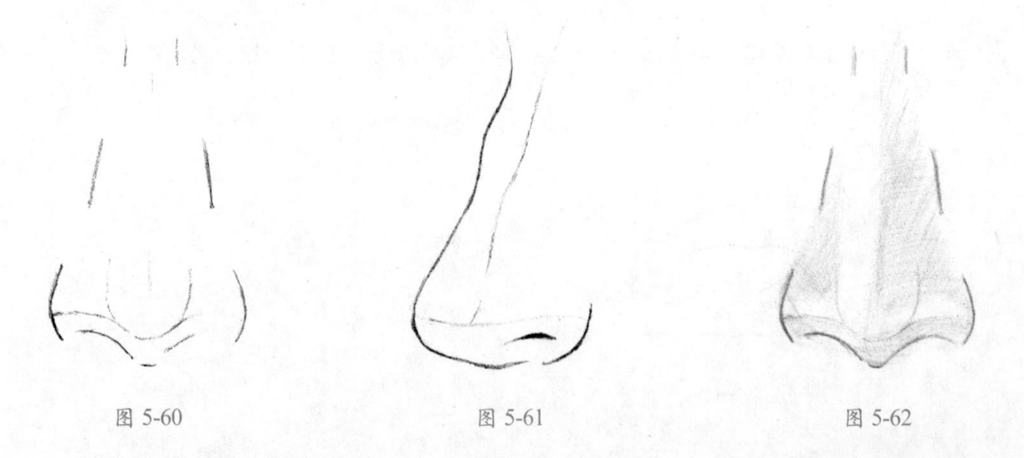

图 5-60　图 5-61　图 5-62

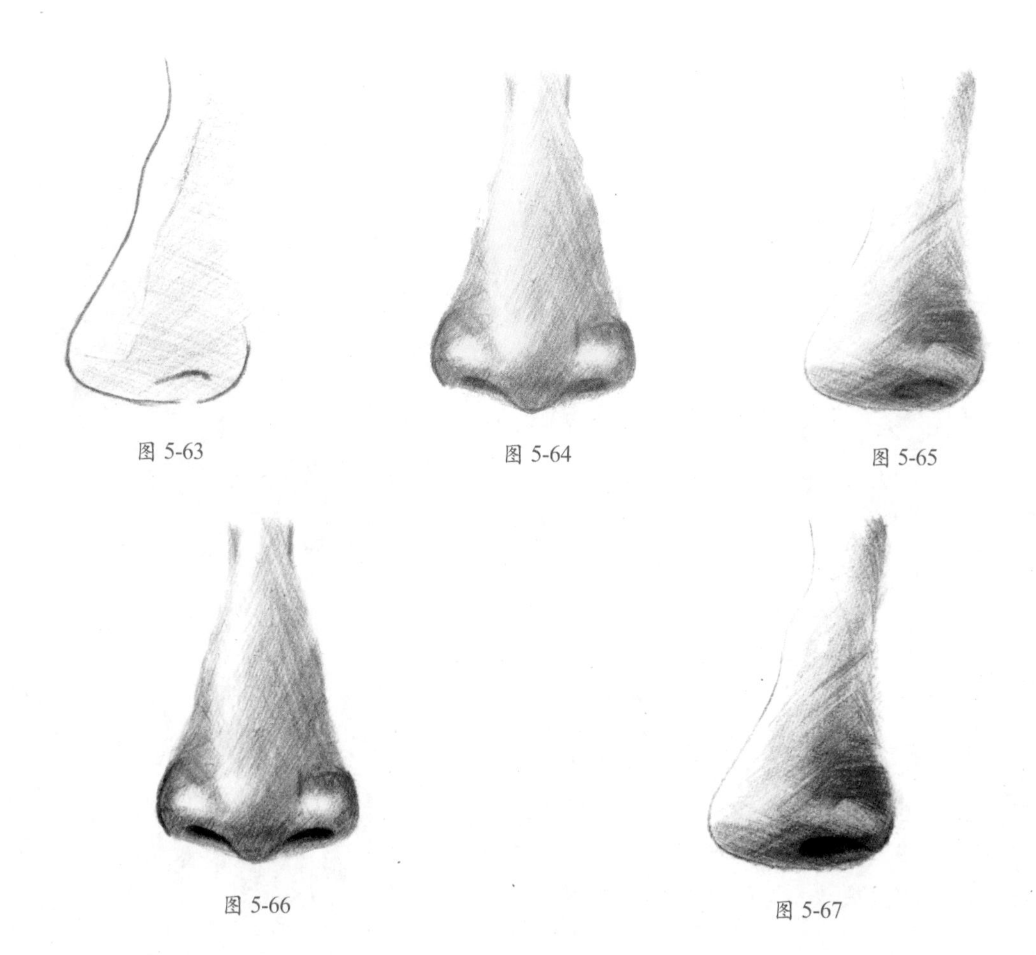

图 5-63

图 5-64

图 5-65

图 5-66

图 5-67

5.3 局部服装造型表现

服装款式图的局部细节也很重要，只有将服装的局部细节表现好，才能刻画出整体较为美观、时尚的服装效果图。

5.3.1 衣领

先绘制好衣领的款式图，然后再利用彩铅逐步对衣领进行上色。下面以两个常见的领子为例进行示范。

1. 衬衣领

衬衣领是比较正式也是最常见的领子，在上色前，先绘制好领部款式，衬衣结构简单，所以在绘制领子的款式图的时候，要把握好领子的基本型。

01 绘制出领子部分的线稿图（图 5–68）。

02 然后用浅蓝色画出衣领的颜色，注意适当的留白（图 5–69）。

03 继续用浅蓝色画出领子的暗部，注意暗部加深（图 5–70）。

04 然后用深蓝色刻画领子的暗部，再用浅蓝色叠涂领子，使领子的明暗过渡更柔和，再用浅蓝色勾出领子的线稿，把领子高光部分的铅笔线稿用橡皮擦擦拭掉，即完成了衬衣领部的效果图（图 5–71）。

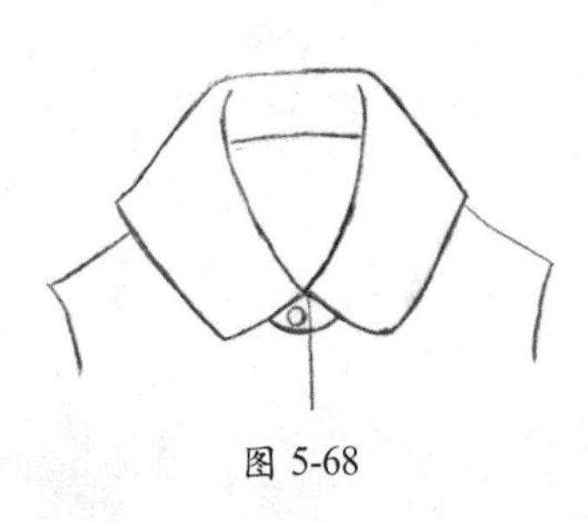

图 5-68

图 5-69

图 5-70

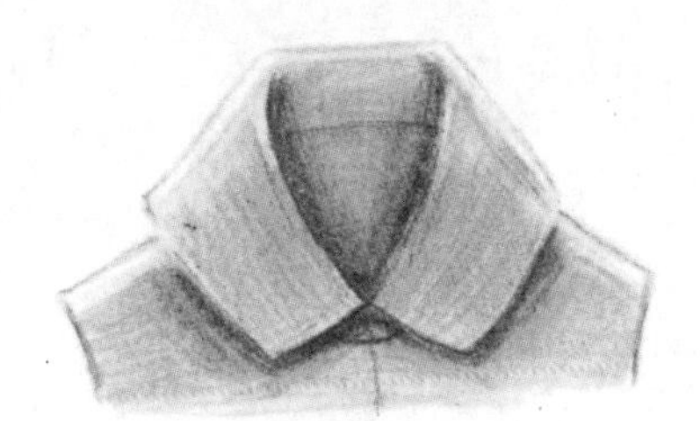

图 5-71

2．**褶皱领**

相比于衬衣领，褶皱领就显得更活泼，所以在画褶皱领的时候，不用画得特别正式。

01 先画出领子的线稿图（图 5–72）。

02 选择蓝色对领子进行上色，注意在皱褶的高光部位适当留白（图 5–73）。

03 再用浅蓝色采用叠彩的绘制方法对褶皱处进行绘制（图 5–74）。

04 最后用深蓝色刻画领子的暗部（图 5–75）。

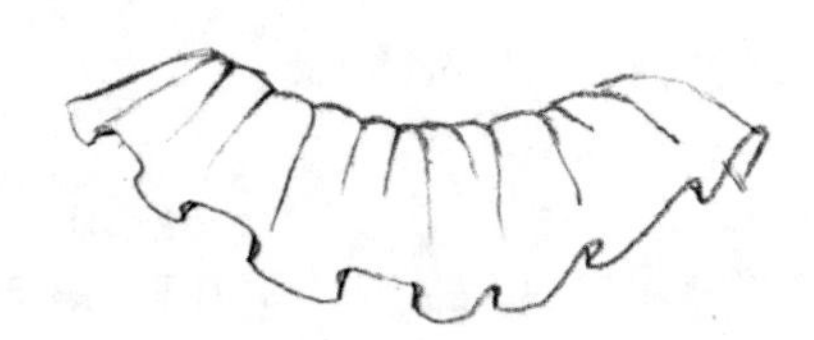

图 5-72

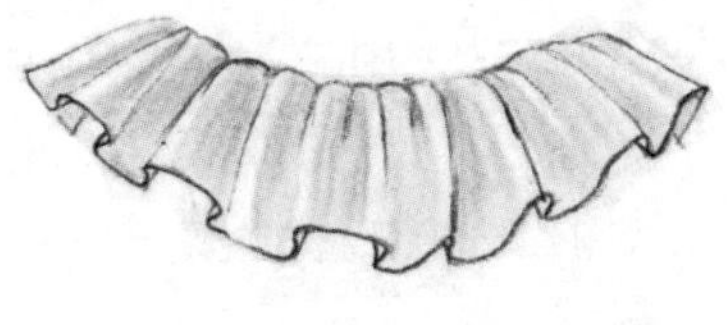

图 5-73

图 5-74

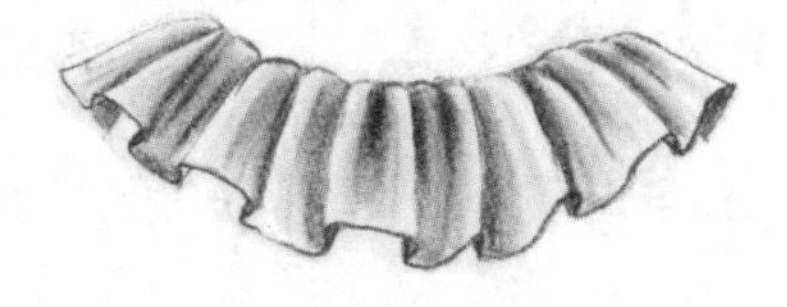

图 5-75

5.3.2 门襟

门襟是服装的一个重要组成部位，而门襟的款式也可以是多种多样的：拉链、纽扣、绳子等，下面就来看看怎样用彩铅表现门襟效果图。

门襟的绘画，重点在于款式的表现，在款式的基础上上颜色即可。

先绘制出门襟的线稿（图 5–76、图 5–77、图 5–78）。

图 5-76

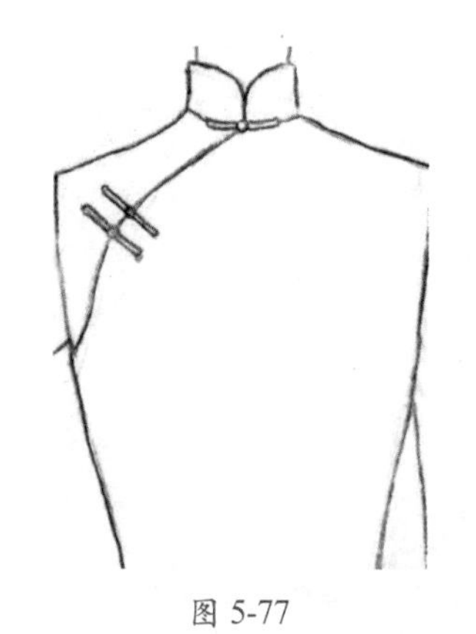
图 5-77

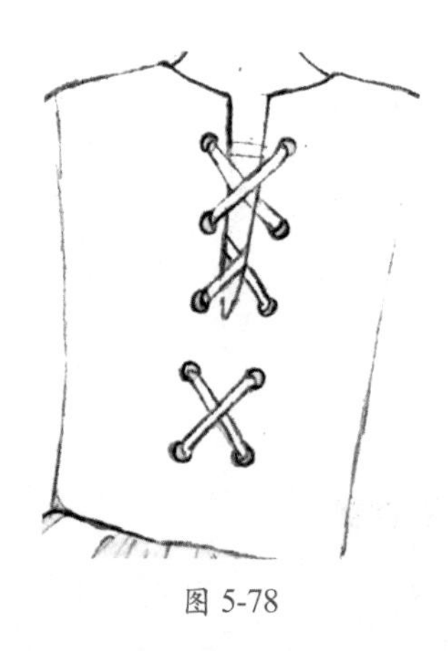
图 5-78

然后用彩色铅笔为绘制的线稿上色，注意门襟部位服装的高光留白及暗部加深。最后用相应的彩铅颜色（或黑色水性笔）勾勒出门襟部位的铅笔线稿（图 5–79、图 5–80、图 5–81）。

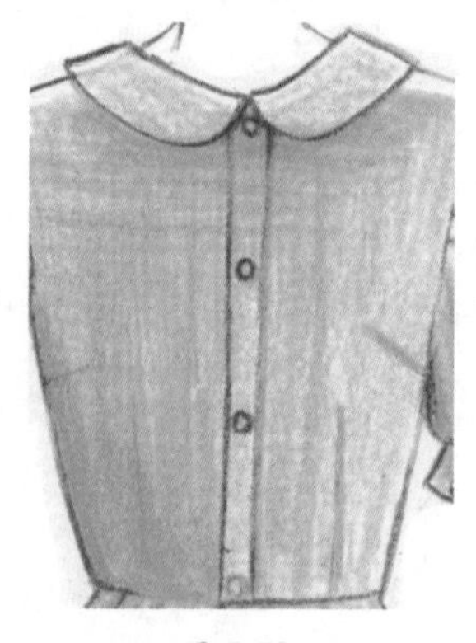
图 5-79

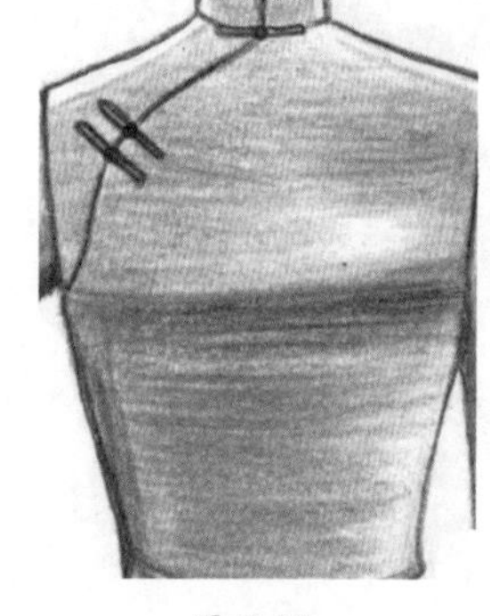
图 5-80

图 5-81

5.3.3　裙摆

裙是围穿于下体的服装。广义上包括连衣裙、衬裙、腰裙等。裙自古以来就通行世界，如原始人的草裙、树叶裙，中国先秦时期的男女通用上衣下裳，裳即裙。而裙摆则是裙子的关键。

1. 百褶裙

01 先绘制好裙摆的线稿图（图 5–82）。
02 用浅绿色对裙摆进行上色，注意高光部分留白（图 5–83）。
03 选择浅绿色采用叠彩法对裙摆进行上色，同时加深裙摆的暗部（图 5–84）。
04 用深绿色刻画裙摆的暗部，同时用深绿色（或黑色水性笔）勾出裙摆线稿（图 5–85）。

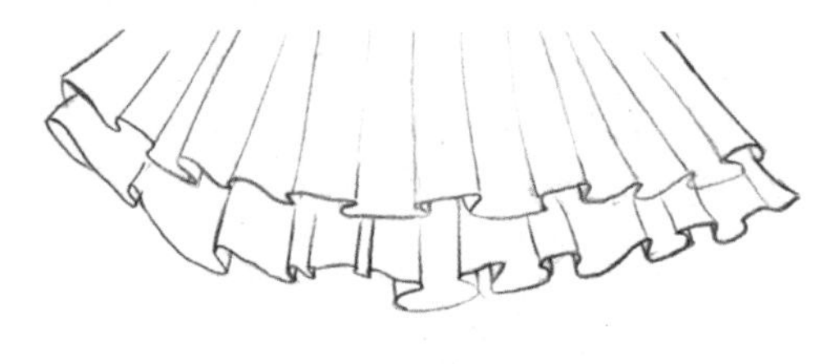
图 5-82

图 5-83

图 5-84

图 5-85

2. **蓬蓬裙**

01 先绘制好裙摆的线稿图。为表现出蓬蓬裙的裙摆的层次感，可以在绘制线稿时将裙摆部位的线条多画上几笔（图 5–86）。

02 用浅蓝色对裙摆进行上色，裙摆两边可适当留白（图 5–87）。

03 选择浅蓝色使用叠彩法对裙摆进行上色，同时加深裙摆的暗部。再用深蓝色刻画裙摆的暗部，同时勾出裙摆线稿（图 5–88）。

04 用橡皮擦擦拭裙摆处的铅笔线稿，同时柔和裙摆的明暗（图 5–89）。

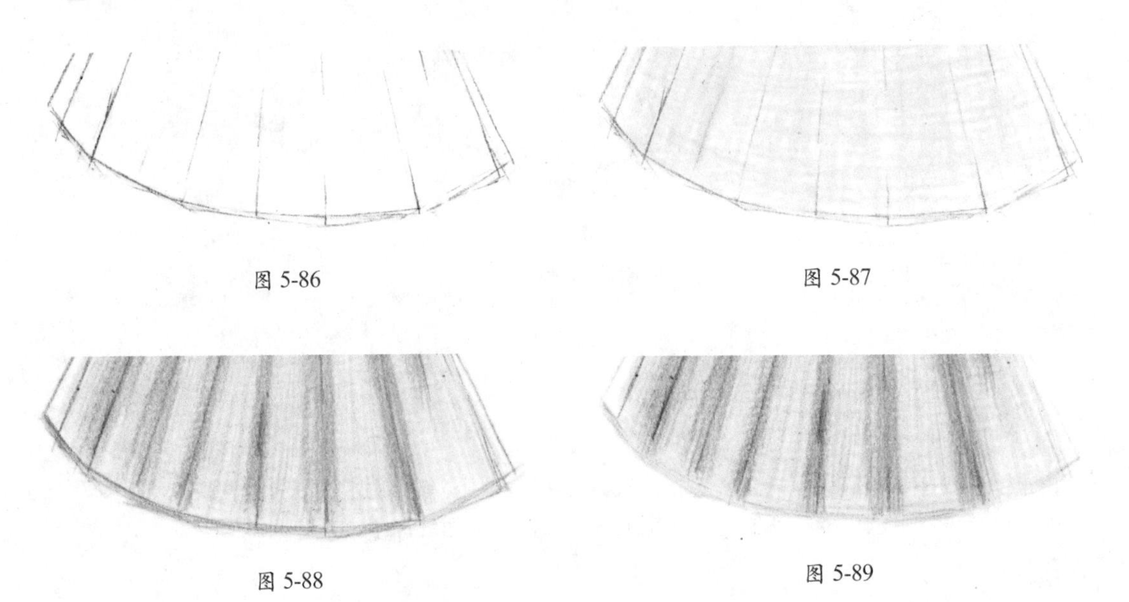
图 5-86

图 5-87

图 5-88

图 5-89

5.3.4 袖子

袖子可以千变万化，但其款式都是根据手臂的形态去设计的。所以我们首先要把握好手臂的动态，在这个基础上再去绘制袖子的款式就比较简单了。

1. **灯笼袖**

01 根据人体手臂摆放的姿势，绘制出灯笼袖线稿（图 5–90）。

02 用浅绿色对袖子进行上色，高光部分留白（图 5–91）。

03 选择浅绿色使用叠图法对袖子进行上色，同时加深袖子的暗部（图 5–92）。

04 用深绿色刻画袖子的暗部，同时用浅绿色柔和袖子的明暗部（图 5–93）。

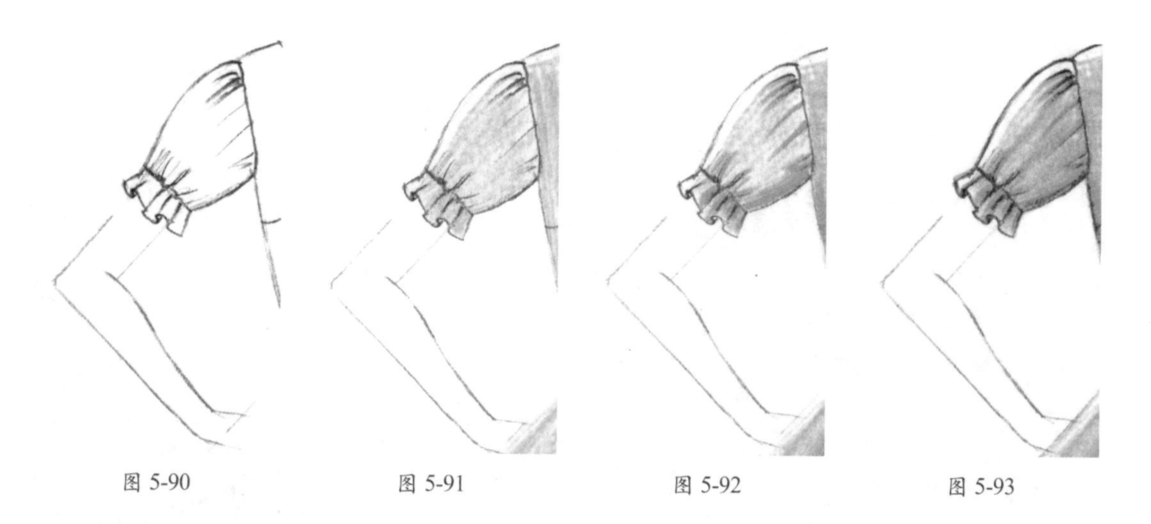

图 5-90　　图 5-91　　图 5-92　　图 5-93

2．喇叭袖

01 根据人体手臂摆放的姿势，画出喇叭袖线稿（图 5–94）。

02 用浅紫色画出袖子的颜色，高光部分留白（图 5–95）。

03 选择浅紫色采用叠涂法对袖子进行上色，同时加深袖子的暗部（图 5–96）。

04 用深紫色刻画袖子的暗部，同时用浅紫色柔和袖子的明暗部（图 5–97）。

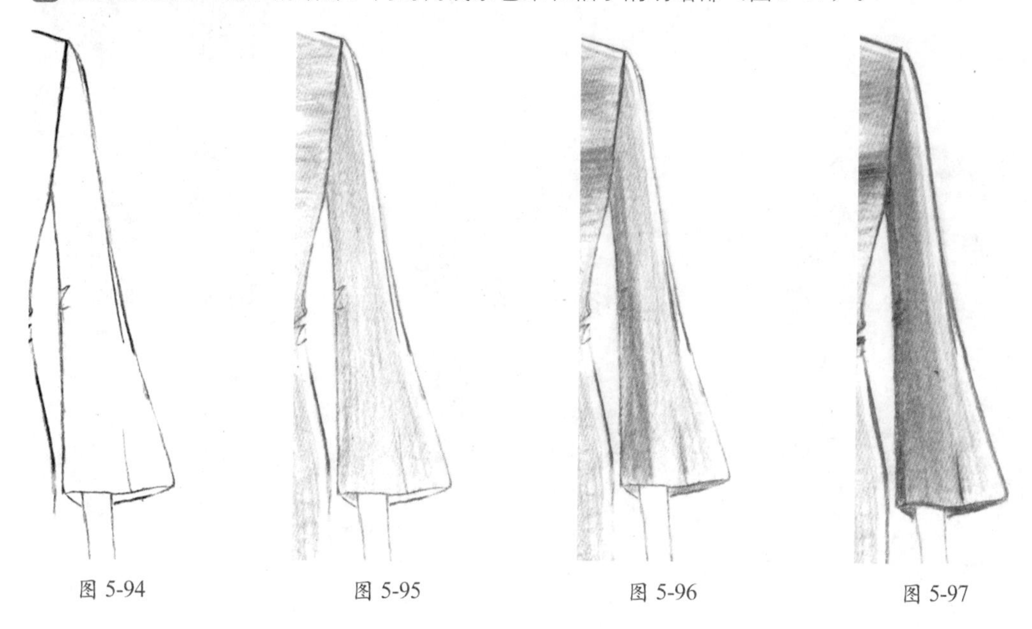

图 5-94　　图 5-95　　图 5-96　　图 5-97

5.4 装饰物技法表现

不同的配饰都有其各自不同的特点，把握好它们的特点，将其灵活运用到服装效果图中，是为了呈现出更好的服装效果图。

5.4.1 眼镜

眼镜既是保护眼睛的工具，又是一种美容装饰品。我们可以根据所绘制的服装的风格，为模特配置不同款式的眼镜，然后根据人物面部的表情或动态，绘制出人物佩戴眼镜后的效果。

眼镜的绘制步骤如下。

01 绘制出人物头部及眼镜的线稿（图 5–98）。

02 用肤色彩铅均匀涂出皮肤的底色，然后用红赭色涂出皮肤的暗部（图 5–99）。

03 用土黄色涂出头发的底色，然后用黄褐色刻画出头发的发丝，最后用褐色加深头发的暗部（图 5–100）。

04 用黑色涂出眉毛的颜色，用普蓝色涂出眼睛虹膜的颜色，用黑色涂出眼睛瞳孔的颜色，然后勾出眼部的线稿，用朱红色涂出嘴唇的颜色（图 5–101）。

05 用黑色勾出眼镜的框架（图 5–102）。

06 用黑色填充眼镜的颜色（图 5–103）。

图 5-98

图 5-99

图 5-100

图 5-101

图 5-102

图 5-103

5.4.2 帽子

帽子是一种戴在头部的服饰，多数可以覆盖头的整个顶部。在为模特佩戴帽子时，首先要根据其脸型选择合适的帽子，其次要根据服装的风格来选择帽子。戴帽子和穿衣服一样，要尽量扬长避短。

下面讲解绘制帽子的步骤。先画出帽子的线稿，用褐色勾出帽子的线稿，待上色（图 5–104）。在使用彩色铅笔为帽子上色时，可以采取交叉排线的方式进行，这样更能够体现出帽子的密集编织感。

图 5-104

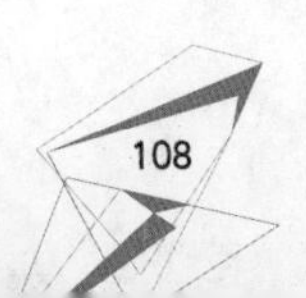

01 给帽子涂上浅黄色（图 5–105）。

02 选择中黄色采用叠彩法对帽子进行上色（图 5–106）。

03 用橘黄色叠涂帽子的颜色，同时加深帽子的暗部（图 5–107）。

04 用褐色刻画帽子的暗部（图 5–108）。

图 5-105

图 5-106

图 5-107

图 5-108

5.4.3 项链

项链是佩戴在人物颈部，对人物服装或整体起到装饰作用的饰品。根据项链的不同材质，其上色的方法各有不同。下面来看看宝石类项链的上色方式。

01 宝石项链的重点在于吊坠部分的表现，先画出项链吊坠部分的线稿（图 5–109）。

02 用土黄色画出绳子部分，用浅黄色涂出吊坠金属托部分，用浅蓝色为宝石铺上一层底色，注意高光部分留白（图 5–110）。

03 用橘黄色加深金属托暗部，用青绿色叠涂宝石的颜色（图 5–111）。

04 用深褐色加深绳子的颜色，用深绿色刻画宝石的暗部（图 5–112）。

05 选择褐色采用叠彩法对金属托暗部进行上色（图 5–113）。

06 用黑色刻画金属托与宝石交界处的暗部，再次用橘黄色采用叠彩法对金属托进行上色，用以柔和金属的明暗。用翠绿色刻画吊坠的暗部，即完成了对宝石项链的上色（图 5–114）。

图 5-109

图 5-110

图 5-111

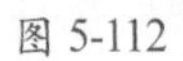

图 5-112

图 5-113

图 5-114

5.4.4 包包

包包的款式多种多样，其中最常见的为皮质类和帆布类的包包。这里主要讲述皮质类包包的上色。

01 先根据包包的款式，画出包包的线稿（图 5–115）。

02 用熟褐色画出包包的底色，高光部分及缝线部分留白。用土黄和黄褐色画出扣子（图 5–116）。

03 选择熟褐色采用叠彩法对钱包进行上色，加深包包的暗部（图 5–117）。

04 用熟褐色进一步画出包包的质感细节，细化缝线部分（图 5–118）。

05 继续用熟褐色叠涂包包的颜色，柔和包包的明暗部分；用土黄色和黄褐色加重扣子的颜色，注意留出边缘的厚度；在中间打孔处涂上黑色，即完成了包包的上色（图 5–119）。

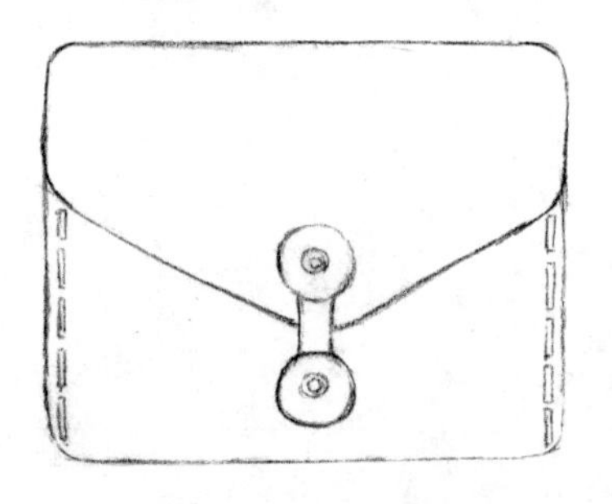

图 5-115

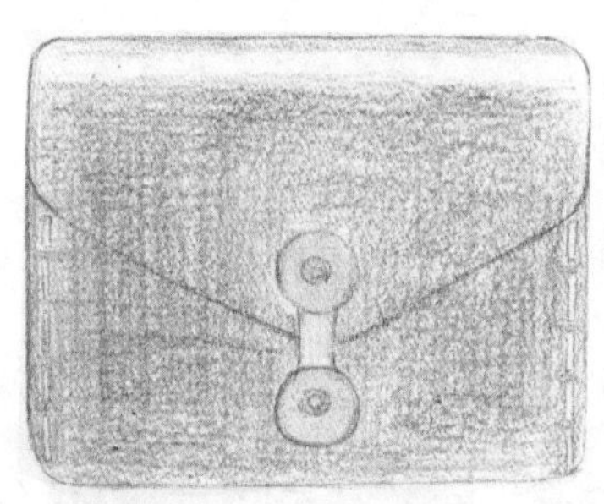

图 5-116

图 5-117

图 5-118

图 5-119

5.4.5　鞋子

鞋子的款式是多种多样的，可以将其分为运动鞋、厚底鞋、靴子、高跟鞋等类别。其中高跟鞋是女性穿着最多的，最具女性代表的鞋子。

鞋子的绘制步骤如下。

01 先根据鞋子的款式，画出鞋子的线稿（图 5–120）。

02 选择浅黄色对鞋子的底部进行上色；用褐色画出鞋子内壁的颜色；用大红色画出鞋子面部的颜色，高光部分留白（图 5–121）。

03 用土黄色加深鞋子底部的颜色，注意暗部加深；用大红色叠涂鞋面，加深鞋面的暗部（图 5–122）。

图 5-120

图 5-121

图 5-122

5.5　面料质感表现

利用彩色铅笔刻画服装面料时，使用不同的上色方式，能够画出不同质感的服装。这一节我们就来学习，怎样用彩色铅笔刻画我们生活中常见的服装面料。

5.5.1　几何形图案面料

几何形图案面料即面料上印有几何图案，圆形、方形、三角形等都是几何图案。绘制几何图案的面料时，当面料平铺时，几何图案的面料很好表现，即直接画出图案，然后进行上色即可（图 5–123、图 5–124）。

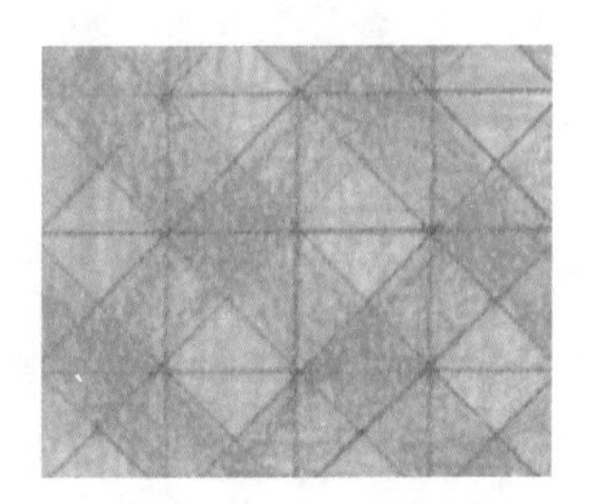

图 5-123

图 5-124

而当面料不是平铺的时候，我们只需将有规则的几何图案顺着它的褶皱合理地表现出来即可（图 5–125、图 5–126）。

图 5-125　　图 5-126

几何形图案面料的实例如下。

01 绘制出人体的动态及服装（图 5–127）。

02 用肤色刻画皮肤的颜色，注意暗部加深（图 5–128）。

03 用柠檬黄色绘制头发的底色，然后用中黄色加深头发的暗部（图 5–129）。

04 用玫瑰红和红紫色分别绘制服装上的部分方形图案（图 5–130）。

05 用中黄色画出服装剩下部分的颜色（图 5–131）。

06 用红紫色涂出玫瑰红方块部分的暗部颜色，用青莲色涂出红紫色方块部分暗部颜色，用桔色涂出中黄色方块部分暗部的颜色（图 5–132）。

07 用中黄色画出鞋子的颜色，用桔色加深暗部（图 5–133）。

08 用红紫色刻画鞋子上的斜条纹图案（图 5–134）。

09 用红赭色绘制眉毛，用湖蓝色绘制眼睛虹膜，用大红色绘制嘴唇，然后用勾线笔对整体进行勾线（图 5–135）。

图 5-127

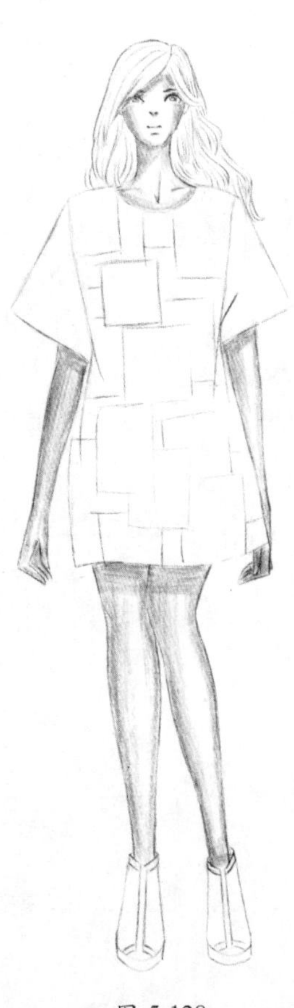

图 5-128

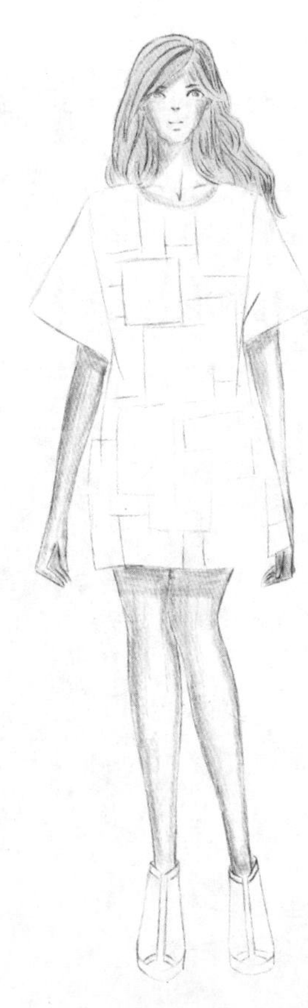

图 5-129

图 5-130

图 5-131

图 5-132

图 5-133

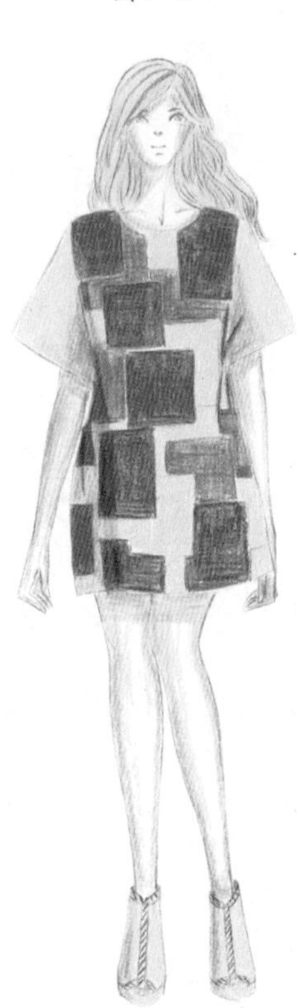

图 5-134

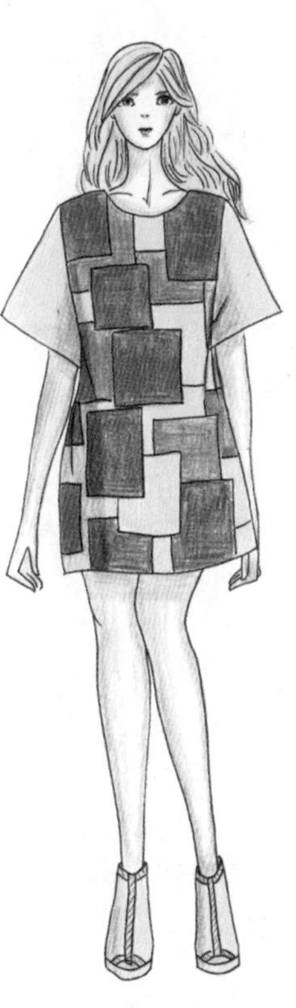

图 5-135

5.5.2 编织面料

编织面料即针织面料，按织造的方法划分，有纬编针织面料和经编针织面料两类。纬编针织面料常以低弹涤纶丝或异型涤纶丝、锦纶丝、棉纱、毛纱等为原料，采用平针组织、变化平针组织、螺纹平针组织、双螺纹平针组织、提花组织、毛圈组织等方法，在各种纬编机上编织而成。

使用彩色铅笔进行交叉排线的方式可以涂出编织面料效果。单色的编织面料用单色的彩色铅笔交叉排线（图 5–136）。多色的编织面料用多种彩色铅笔进行交叉排线（图 5–137）。

图 5-136

图 5-137

而针织衫类的编织面料，可以采用波纹线的方式进行上色（图 5–138），然后加深波纹线的颜色即可刻画出针织类编织面料的效果（图 5–139）。

图 5-138

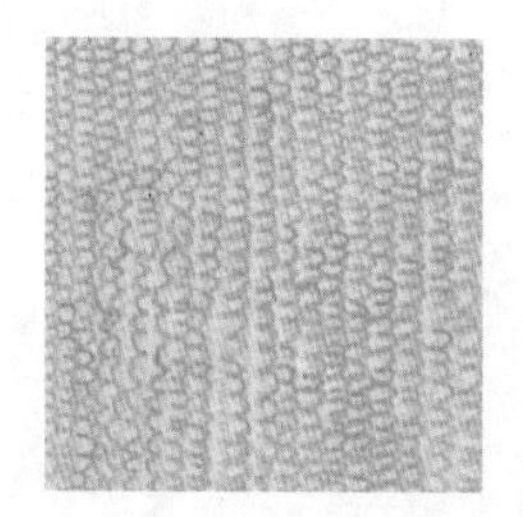

图 5-139

编织面料的表现实例如下。

01 先绘制出人体动态（图 5–140）。

02 根据人体动态，刻画人物发型、五官细节、手部细节、着装（图 5–141）。

03 为人物皮肤涂上肤色，用黄色绘制头发（注意高光部分留白），用蓝色绘制出毛衣（在给毛衣上色时，注意加深毛衣纹路线条的颜色，以体现出毛衣的质感）。用绿色画出裙子上花纹，用黑色画出裙子（注意高光部分留白），同时用黑色绘制白色袖子的暗部，用熟褐色画出鞋子的颜色（注意高光部分留白）（图 5–142）。

04 选择合适的颜色对整体画面进行深入刻画。（图 5–143）。

05 用红赭色叠绘制头发，用黑色刻画头发的暗部，再用红赭色给头发勾线；用黑色刻画人物眉毛及眼部的颜色，用红赭色刻画鼻子的颜色，用大红色刻画嘴部的颜色，用肤色加深皮肤暗部的颜色，用红赭色勾出皮肤部分的线稿；用深蓝色刻画出毛衣的纹理，同时勾线。用黑色加深裙子的颜色，注意暗部加深，同时为裙子勾线，用黑色给衣袖勾线，用熟褐色加深鞋子的暗部，同时勾线（图 5–144）。

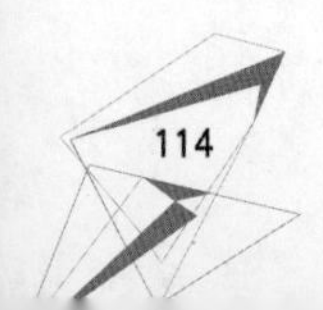

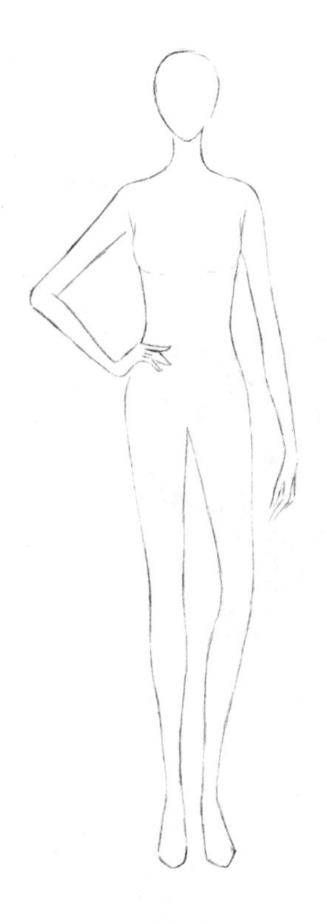

图 5-140

图 5-141

图 5-142

图 5-143

图 5-144

5.5.3 轻薄面料

轻薄面料即轻盈的薄面料，具有轻盈、透明等特征。我们在刻画轻薄面料时，将面料颜色画浅一些，能够表现出面料的轻薄感。用彩色铅笔的侧面轻涂，就可以表现出面料的轻薄感（图5–145）。如果要表现出深色面料的轻薄感，用同样的方式叠涂多次，即可表现出深色面料的轻薄感（图5–146）。

图 5-145

图 5-146

用铅笔削粉末，用面纸均匀晕开，也可以表现出面料的轻薄感（图5–147）。如果要用此类方式表现出深色面料的轻薄感，用更多的铅笔粉末进行多次涂抹即可（图5–148）。

图 5-147

图 5-148

轻薄面料的表现实例如下。

01 绘制出人体动态及着装（图5–149）。

02 用肤色对皮肤进行刻画，注意对暗部和阴影部分加深（图5–150）。

03 用中黄色绘制头发的底色，然后用橘色加深暗部（图5–151）。

04 用红橙色再次加深头发的暗部，用红赭色绘制眉毛，用湖蓝色绘制出眼睛虹膜的暗色，用曙红色画出嘴唇的颜色，然后用勾线笔对整体进行勾线（图5–152）。

05 用紫红色轻轻画出裙子整体的底色（图5–153）。

06 再次用紫红色加深裙子褶皱部分（图5–154）。

07 用青莲色画出裙子内衬（图5–155）。

08 用紫色画出裙子内衬部分褶皱（图5–156）。

09 用青莲色画出鞋子的底色，然后用紫色对鞋子的暗部进行加深。用深蓝色刻画鞋子和内衬部分的圆点细节（图5–157）。

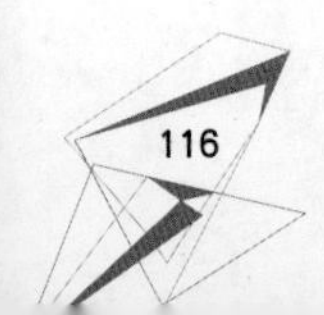

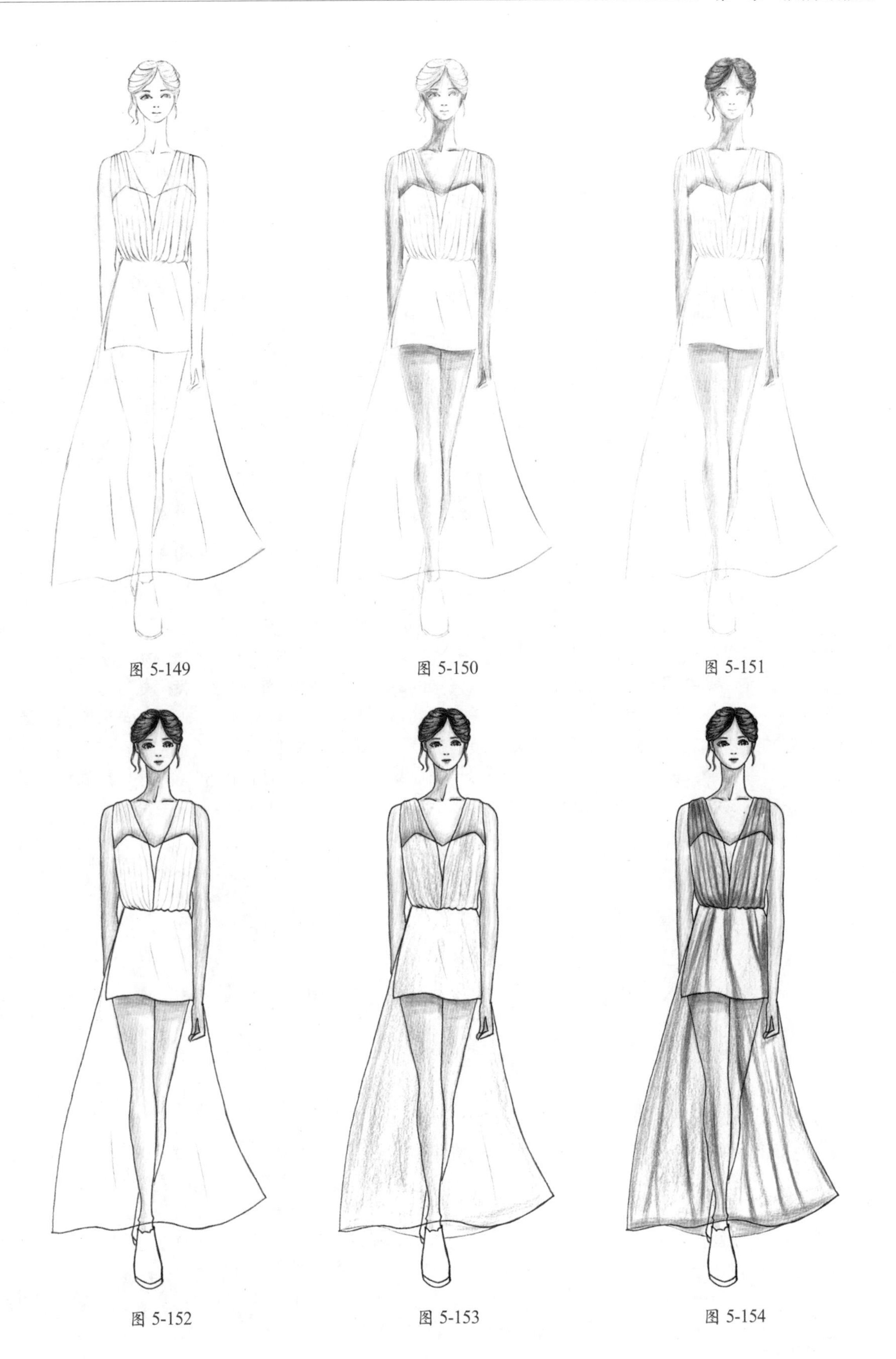

图 5-149　图 5-150　图 5-151

图 5-152　图 5-153　图 5-154

图 5-155

图 5-156

图 5-157

5.5.4 牛仔面料

牛仔面料材质有很多种类，其中纤维原料非常丰富，一般包括合成纤维、天然纤维、再生纤维、新纤维素纤维等。其中，合成纤维中用于织造牛仔布的原料主要是涤纶和锦纶，特别是经过改性过的涤纶纤维柔软悬垂、冬暖夏凉，是“春夏秋冬”理想的牛仔装纤维原料。因为牛仔面料与服装老少皆宜，有很强的通用性，它将长期成为国内外服装消费者所青睐的时装之一。

牛仔面料的绘制：先用交叉排线的方式画出牛仔面料的底色，然后用面纸进行晕开，就表现出了牛仔面料洗旧的感觉（图 5–158、图 5–159）。

图 5-158

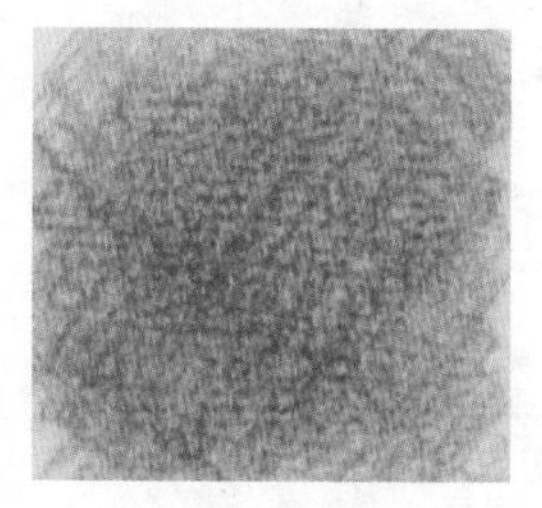

图 5-159

牛仔面料的表现实例如下。

01 画出人体动态及着装（图 5–160）。

02 用肤色画出皮肤部分的颜色，注意对暗部和阴影加深（图 5–161）。

03 用红赭色画出眉毛，用湖蓝色画出眼睛虹膜，用大红色画出嘴唇，用中黄色绘制出头发的底色（图 5–162）。

04 用橘黄色画出头发暗部的颜色，然后用勾线笔对整体进行勾线（图 5–163）。

05 用灰色画出上衣暗部及阴影部分的颜色，然后用铅笔绘制出上衣的条纹位置，便于上色（图 5–164）。

06 用大红色涂出上衣条纹部分的颜色，然后用红赭色绘制出条纹暗部（图 5–165）。

07 用肤色画出牛仔裤破洞部分的肤色，用天蓝色绘制出牛仔裤的底色（图 5–166）。

08 用湖蓝色加深牛仔裤的底色（图 5–167）。

09 用深蓝色绘制出牛仔裤暗部及褶皱部分（图 5–168）。

10 用中黄色涂出鞋子的底色，然后用橘色加深鞋子暗部的颜色。用灰色涂出袜子暗部的颜色，用黑色刻画袜子上的条纹（图 5–169）。

11 用勾线笔刻画牛仔裤破洞部分的细节（图 5–170）。

12 用藏青色深入刻画牛仔裤的暗部，然后用勾线笔勾出上衣的条纹部分（图 5–171）。

图 5-160　图 5-161　图 5-162　图 5-163

图 5-164　图 5-165　图 5-166　图 5-167

图 5-168　　图 5-169　　图 5-170　　图 5-171

5.5.5 蕾丝面料

蕾丝面料又称为花边面料，其用途非常广泛，可以覆盖全纺织行业，所有纺织品都能够加入一些漂亮的蕾丝元素。表现蕾丝面料的重点在于蕾丝花纹的表现，所以要先用铅笔绘制出蕾丝面料的线稿，然后用彩色铅笔对蕾丝面料进行逐步细化，即可完成蕾丝面料的绘制。

01 用铅笔绘制出蕾丝面料上的花纹（图 5–172）。

02 用钴蓝色彩铅刻画出蕾丝面料上的花纹，然后对花纹的细节部分进行刻画（图 5–173）。

03 用钴蓝色加深蕾丝面料上的部分花纹图案，以此增加蕾丝面料花纹的立体感（图 5–174）。

04 用深蓝色进一步加深蕾丝面料上的部分花纹图案（图 5–175）。

图 5-172

图 5-173

图 5-174

图 5-175

蕾丝面料的表现实例如下。

01 画出人体和服装线稿（图 5–176）。

02 用肤色绘制部分皮肤，注意加深暗部及阴影（图 5–177）。

03 用桔色画出头发，然后用赭石色对暗部进行深入刻画（图 5–178）。

04 用赭石色绘制出眉毛，用湖蓝色绘制眼睛虹膜，用大红色绘制出嘴唇。然后用铅笔刻画蕾丝部分的图案（图 5–179）。

05 用勾线笔绘制出整体线稿（图 5–180）。

06 用灰色绘制出蕾丝面料部分的暗部及阴影（图 5–181）。

07 用黑色画出裙子整体的底色。用大红色画出鞋子，注意高光部分留白（图 5–182）。

08 再次用黑色使用叠彩法对裙子进行深入刻画。用红赭色刻画鞋子暗部（图 5–183）。

09 用白色画出整个裙子的颜色，以此柔和黑色的铅笔线迹（图 5–184）。

图 5-176　　图 5-177　　图 5-178

图 5-179

图 5-180

图 5-181

图 5-182

图 5-183

图 5-184

5.5.6 条纹与格纹面料

条纹与格纹面料都属于图案面料，只是具有一定规律的图案。而不同的颜色、款式的条纹和格纹，都能体现出服装的不同效果。

条纹面料与格纹面料的画法类似，即先刻画面料的底色，然后再刻画面料上的条纹或格纹（图 5–185 和图 5–186）。

图 5-185

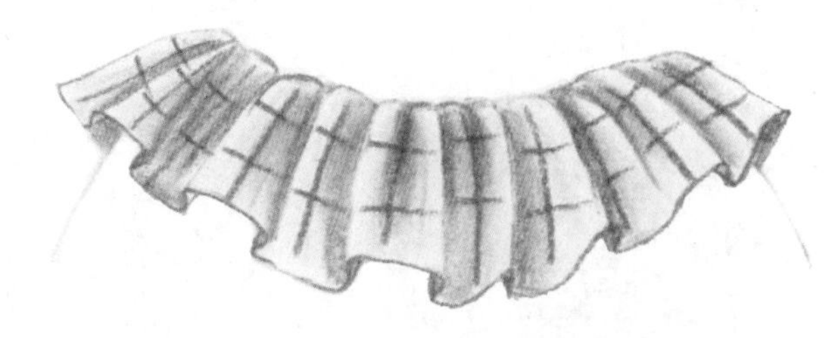

图 5-186

格纹面料的表现实例如下。

01 先画出人体动态（图 5–187）。

02 根据人体动态，刻画人物发型、五官及着装（图 5–188）。

03 用肤色绘制出皮肤；用黄色绘制出头发，高光部分留白；用浅蓝色刻画裙子布料部分，用枚红色画出裙子夹层；用枚红色画出鞋子（图 5–189）。

04 用肤色选择叠彩法对皮肤进行上色，加深肤色暗部；用红赭色画出头发部分；用浅蓝色叠刻画裙子的颜色，同时用深蓝色加深裙子的暗部；用枚红色叠涂裙子的夹层部分，加深暗部；用枚红色加深鞋子的颜色（图 5–190）。

05 用黑色刻画头发的暗部；用深蓝色画出裙子上的格纹（图 5–191）。

06 刻画人物的五官；用红赭色给皮肤部分勾线；用深蓝色为裙子勾线；用枚红色为裙子夹层及鞋子勾线（图 5–192）。

图 5-187

图 5-188

图 5-189

图 5-190　　图 5-191　　图 5-192

5.5.7 皮革面料

皮革是由动物的皮经过各种加工后所获得的表面具有自然的粒纹、光泽、手感舒适的面料。可以用铅笔斜涂然后叠涂来表现皮革面料。涂的时候，线条要细腻，用力要均匀（图 5-193和图 5-194）。对于皮革面料而言，对高光部分可以直接采用留白的方式表现，这样更能突显皮革的质感。

图 5-193

图 5-194

皮革面料的表现实例如下。

01 绘制出人体动态及服装线稿（图 5-195）。

02 用肤色绘制皮肤，注意暗部加深。用灰色画出白色 T 恤暗部的颜色（图 5-196）。

03 用橘色绘制出头发的底色，用赭石色对头发的暗部进行加深（图 5-197）。

04 用赭石色绘制出眉毛，用湖蓝色刻画眼睛虹膜，用大红色绘制出嘴唇。然后用勾线笔对整体进行勾线（图 5-198）。

05 用大红色绘制上衣里面背心，然后分别用大红色和绿色刻画出 T 恤上面的花朵图案（图 5-199）。

06 用湖蓝色画出裤子的底色，注意高光部分留白（图 5-200）。

07 用群青色画出裤子暗部（图 5-201）。

08 用普蓝色深入刻画裤子暗部（图 5-202）。

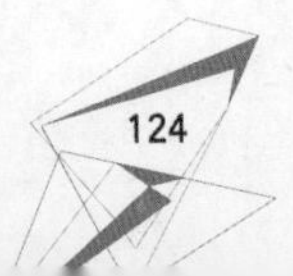

09 用橘色画出鞋子的颜色，用赭石色对鞋子的暗部进行加深。然后用红赭色绘制上衣红色背心部分的暗部（图 5–203）。

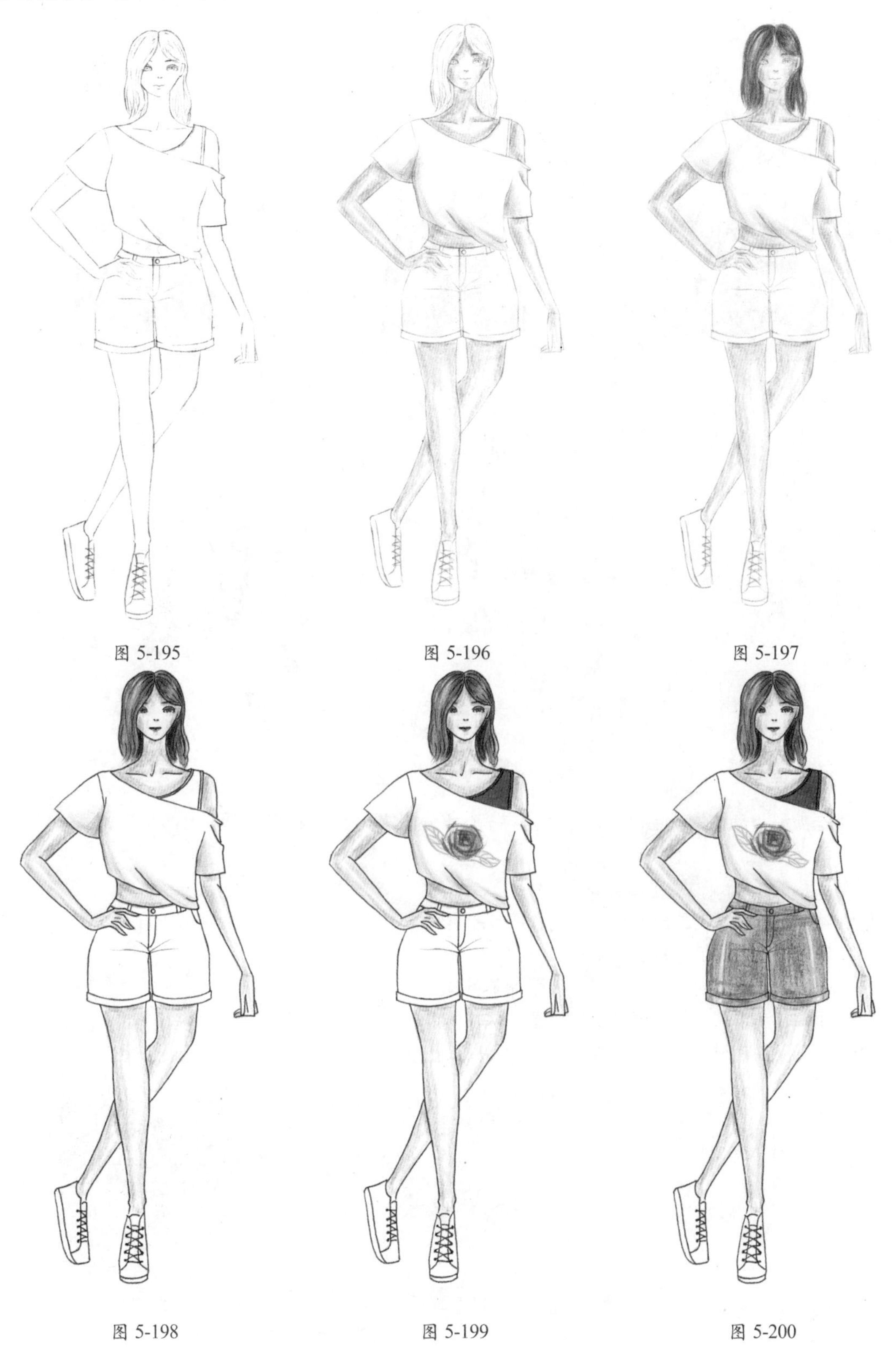

图 5-195　图 5-196　图 5-197

图 5-198　图 5-199　图 5-200

图 5-201　　图 5-202　　图 5-203

5.5.8 皮草面料

皮草是指利用动物的皮毛制成的服装，具有保暖的作用。在刻画皮草面料时，用短的弧线随意斜涂，可表现出皮毛类面料的质感。

皮草面料的绘制分为五个步骤。

01 用浅黄色短线条画出皮草的底色（图 5–204）。

02 选择橘黄色采用叠彩法对皮草进行上色（图 5–205）。

03 用深褐色再次刻画皮草的层次（图 5–206）。

04 用熟褐色深入刻画皮草以柔和皮草的层次，使其不显杂乱（图 5–207）。

05 用黑色再次刻画皮草的层次（图 5–208）。

图 5-204

图 5-205

图 5-206

图 5-207

图 5-208

皮草面料的绘制实例如下。

01 绘制出人体动态，然后根据人体动态绘制出服装线稿图（图 5–209）。

02 用肤色绘制皮肤的底色，然后加重笔触，刻画出皮肤的暗部（图 5–210）。

03 用蓝色绘制眼睛虹膜，用红色绘制嘴唇（图 5–211）。

04 用黄褐色绘制头发的底色，可以对高光部分进行留白（图 5–212）。

05 用深褐色绘制头发的暗部。头发的暗部为光线照不到的地方和头发的阴影部分（图 5–213）。

06 用浅灰色刻画出 T 恤的暗部，然后用深灰色加深 T 恤的暗部（图 5–214）。

07 用湖蓝色绘制外套及裙子的底色（图 5–215）。

08 用钴蓝色再次刻画外套及裙子的底色，注意对暗部加深（图 5–216）。

09 用浅蓝色涂外套上皮草部分的第一层皮草颜色。在刻画皮草面料的时候，用短促且稍微弯曲的笔触进行刻画，这样更能突显皮毛的质感（图 5–217）。

10 用湖蓝色刻画出第二层皮草面料（图 5–218）。

11 用钴蓝色刻画出第三层皮草面料（图 5–219）。

12 用深灰色涂出鞋子的底色，然后用黑色对鞋子的暗部进行加深。再用勾线笔勾出人物的五官及整体暗部的线稿（图 5–220）。

图 5-209

图 5-210

图 5-211

图 5-212

图 5-213

图 5-214

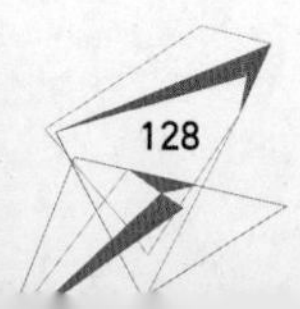

图 5-215

图 5-216

图 5-217

图 5-218

图 5-219

图 5-220

5.6 范例临本

5.6.1 范例一

春天是万物复苏的季节，所以在穿着上可以稍显活力，小短裙配上短靴就是不错的选择。

女装春秋装的表现步骤如下。

01 绘制出人体及服装线稿（图 5–221）。

02 用肤色彩铅画出皮肤的底色（图 5–222）。

03 确定光线来源的方向，用红赭色彩铅绘制皮肤的暗部（图 5–223）。

04 用普蓝色绘制眼睛虹膜，用红赭色刻画出鼻子，用大红色刻画出嘴唇。然后用黑色对眉毛和眼部进行勾线（图 5–224）。

05 用土黄色绘制头发的底色（图 5–225）。

06 用黄褐色刻画出头发的发丝（图 5–226）。

07 用深褐色刻画出头发的暗部，然后再用黑色深入刻画头发的暗部（图 5–227）。

08 用钴蓝色画出背心的底色（图 5–228）。

09 再次用钴蓝色深入刻画出背心的底色，注意暗部的加深（图 5–229）。

10 用普蓝色刻画背心的暗部（图 5–230）。

11 用金色绘制背心上扣子，然后用黄褐色涂出扣子的暗部（图 5–231）。

12 用灰色绘制出袖子、领子、裙子的暗部（图 5–232）。

13 用黑色勾勒出袖子、领子、裙子暗部的线稿（图 5–233）。

14 用群青色画出鞋子的底色，注意对暗部加深，高光部分可以适当留白（图 5–234）。

15 用普蓝色刻画鞋子的暗部（图 5–235）。

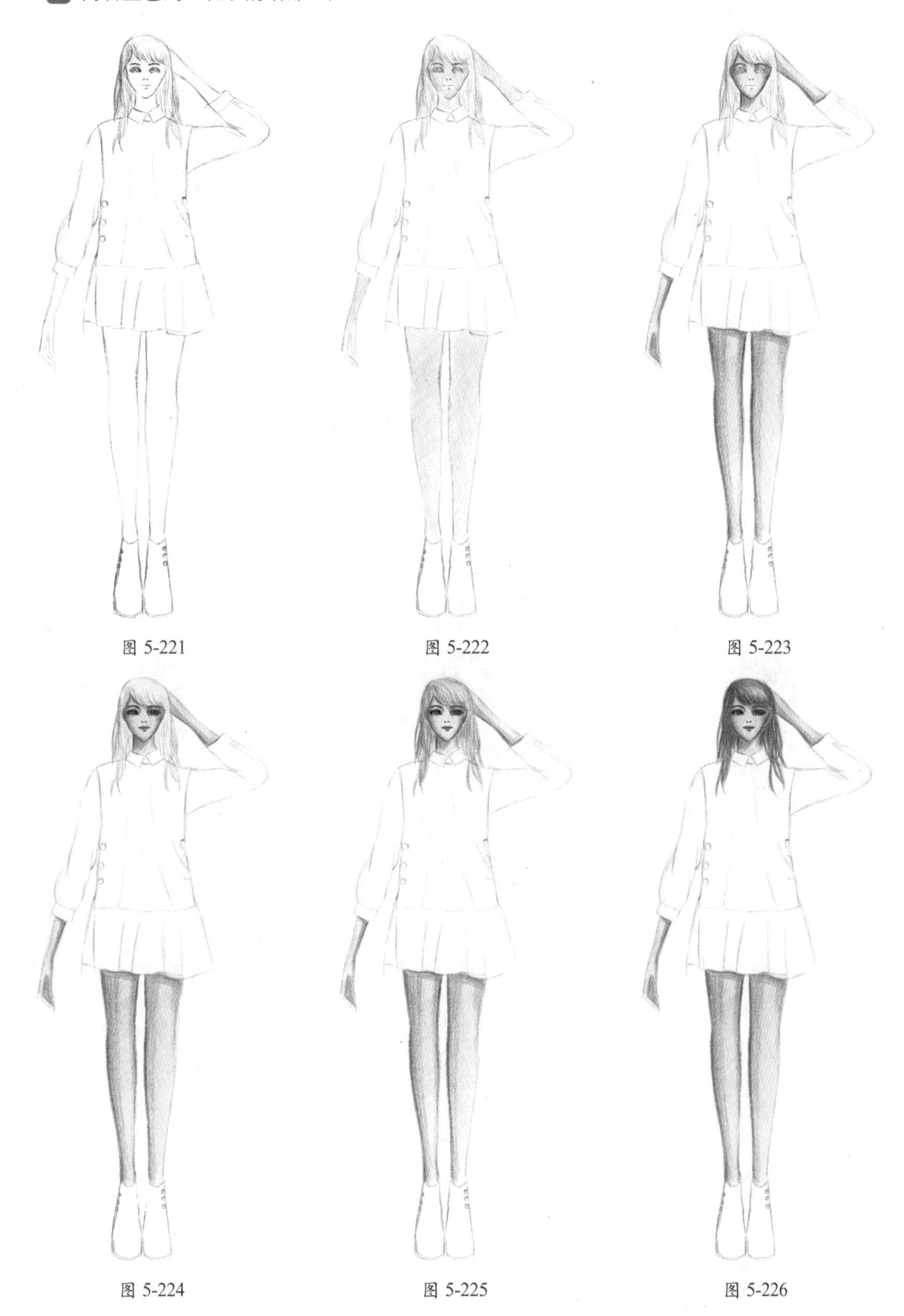

图 5-221 图 5-222 图 5-223

图 5-224 图 5-225 图 5-226

图 5-227　图 5-228　图 5-229

图 5-230　图 5-231　图 5-232

图 5-233　　图 5-234　　图 5-235

5.6.2　范例二

牛仔类服装是日常生活中最为常见的服装，同时也被设计师们广泛运用，各类牛仔服装都各具特色，是休闲类服装的代表。

牛仔裙的表现方式如下。

01 绘制出人体动态及服装的线稿图（图 5–236）。

02 用肤色均匀绘制皮肤的底色，然后用红赭色对皮肤的暗部进行加深（图 5–237）。

03 用土黄色画出头发的底色（图 5–238）。

04 用黄褐色继续绘制头发的底色，刻画出头发的发丝（图 5–239）。

05 用褐色绘制头发的暗部，用普蓝色画出眼睛虹膜，用大红色绘制嘴唇，然后用勾线笔对面部进行勾线（图 5–240）。

06 用土黄色绘制 T 恤，然后用黄褐色对衣服的暗部进行加深（图 5–241）。

07 用褐色深入刻画 T 恤的暗部，然后用天蓝色涂出裙子的底色（图 5–242）。

08 用湖蓝色绘制裙子的暗部，然后用深蓝色深入刻画裙子的暗部（图 5–243）。

09 分别用深灰色和浅灰色涂出袜子的颜色（图 5–244）。

10 分别用深灰色和黑色涂出袜子的暗部，然后用土黄色画出鞋子的底色，再用黄褐色涂出鞋子的暗部（图 5–245）。

图 5-236

图 5-237

图 5-238

图 5-239

图 5-240

图 5-241

图 5-242

图 5-243

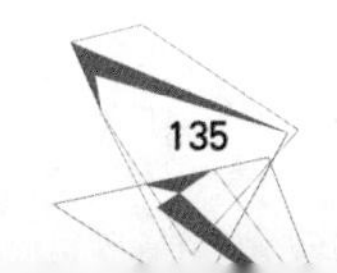

图 5-244　　图 5-245

5.6.3　范例三

不规整的豹纹图案给人一种神秘的感觉，而黑色也给人一种神秘的感觉，所以豹纹类服装经常与黑色面料的服装搭配出现。

豹纹面料的表现方式如下。

01 绘制出人体及服装的线稿图，并完善服装及人体五官等细节（图 5-246）。

02 用肤色绘制人体皮肤，注意暗部和阴影的加深（图 5-247）。

03 用土黄色画出头发的颜色，然后用棕色刻画出头发的发丝，以此表现出头发的蓬松及层次感（图 5-248）。

04 用棕色绘制出眉毛，用蓝色绘制眼睛虹膜，用红色涂出嘴唇。然后用勾线笔勾出整体的线稿（图 5-249）。

05 用灰色画出打底衫的颜色，注意加深暗部及褶皱的颜色（图 5-250）。

06 用黑色绘制出外套里子、鞋子、袜子，注意暗部略深，鞋子高光部分留白，突显出皮革的质感（图 5-251）。

07 用黄色细化出外套的底色，然后用土黄色加深暗部及阴影部分的颜色（图 5-252）。

08 用棕色绘制出外套上不规则豹纹图案的颜色（图 5-253）。

09 用黑色沿着棕色豹纹图案的边缘绘制豹纹图案（图 5-254）。

图 5-246

图 5-247

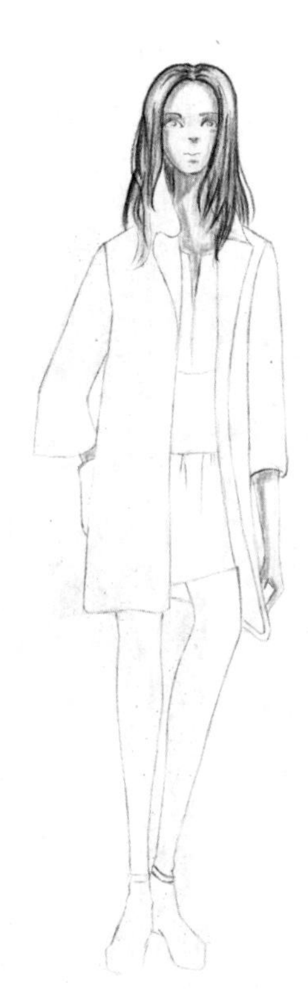

图 5-248

图 5-249

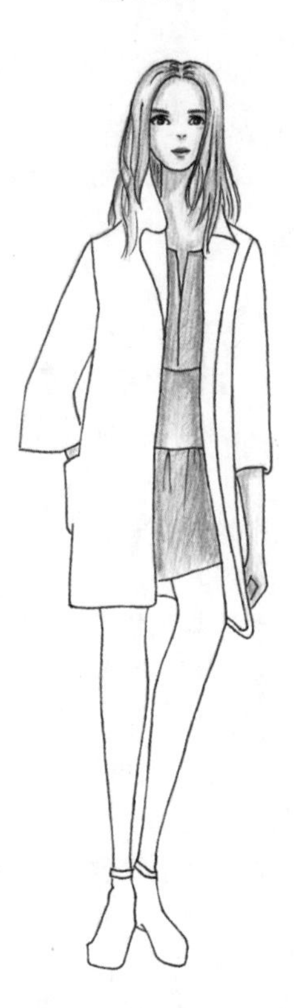

图 5-250

图 5-251

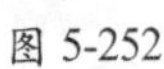

图 5-252

图 5-253

图 5-254

5.6.4 范例四

在时装画中，一般将儿童时装画按照对象年龄划分为三类，第一类是 0–3 岁的幼童，头身比例为 1:3，头部可以略微夸张；第二类为 4–8 岁的小童，头身比例为 1:5；第三类为 10–14 岁的花季少年，头身比例为 1:6。

儿童时装画的绘制步骤如下。

01 按照 1:6 的儿童人体比例绘制出人体动态，然后根据人体动态绘制出服装的线稿图（图 5–255）。

02 分别用土黄色和深绿色刻画出裙子上的花朵和叶子图案（图 5–256）。

03 用肤色均匀绘制皮肤的底色，然后用红赭色刻画出皮肤的暗部（图 5–257）。

04 用土黄色画出头发的底色，然后用黄褐色刻画出头发的发丝（图 5–258）。

05 用深褐色刻画出头发的暗部，用红赭色绘制眉毛，用蓝色绘制眼睛虹膜的颜色，用曙红色涂出嘴唇的颜色。然后用黑色加深眉毛的暗部，为眼部勾线（图 5–259）。

06 用土黄色绘制帽子的底色，然后用黄褐色对帽子上的暗部进行加深（图 5–260）。

07 用深褐色刻画出帽子的暗部，然后用肤色对裙子底色进行均匀上色（图 5–261）。

08 用肉红色加深裙子的暗部（图 5–262）。

09 分别用土黄色和深绿色刻画出裙子上的花朵和叶子图案（图 5–263）。

10 分别用黄褐色和草绿色加深裙子上花朵和叶子图案的暗部（图 5–264）。

11 用肉红色绘制袜子的底色，注意对袜子的暗部进行加深。用银灰色绘制鞋子的底色，注意高光部分留白（图 5–265）。

12 用红赭色刻画出袜子上的螺纹图案，用黑色刻画出鞋子的暗部。用黄褐色刻画出帽子上的圆形图案，用深褐色对图案的暗部进行加深，然后用红赭色刻画出裙子及皮肤部分的线（图 5–266）。

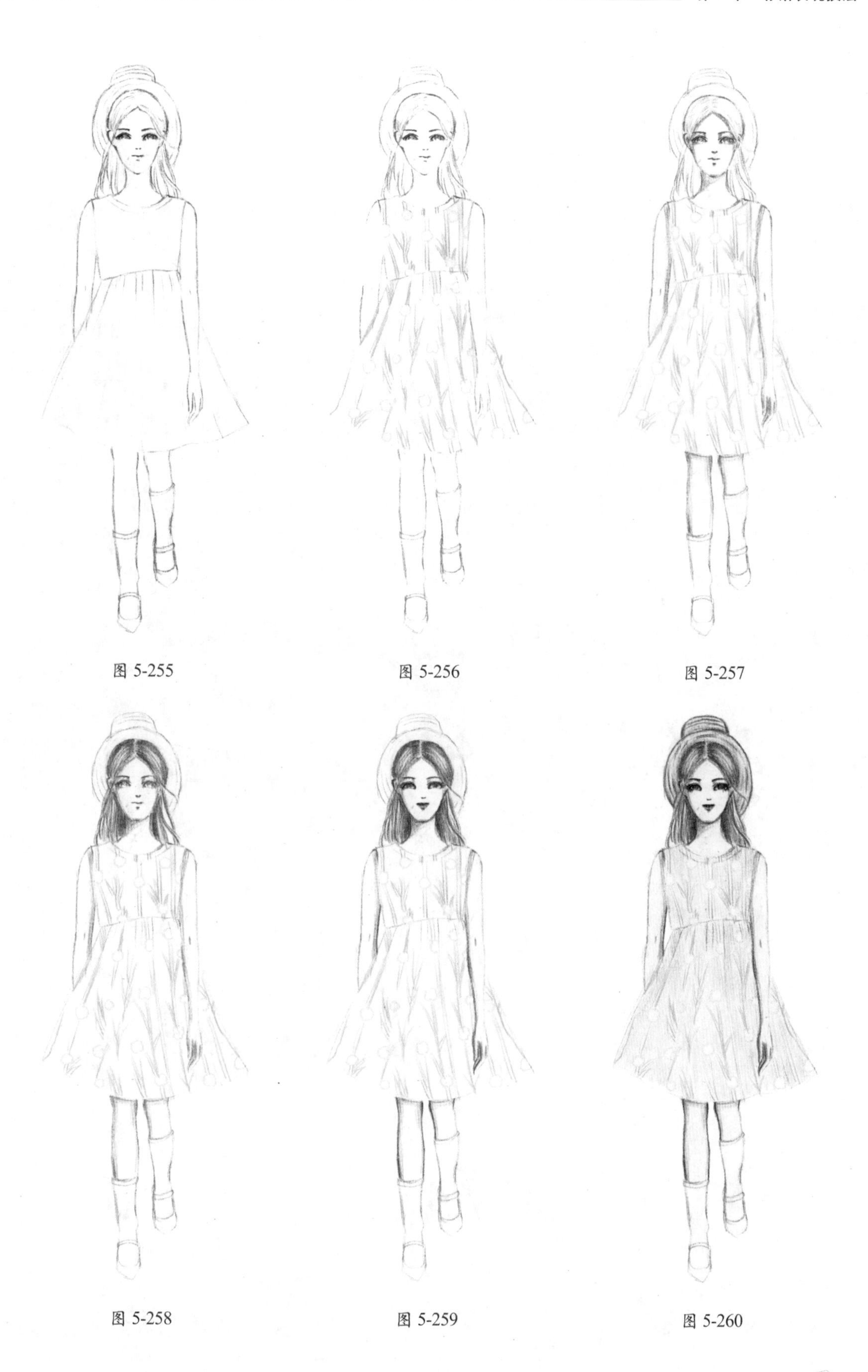

图 5-255 图 5-256 图 5-257

图 5-258 图 5-259 图 5-260

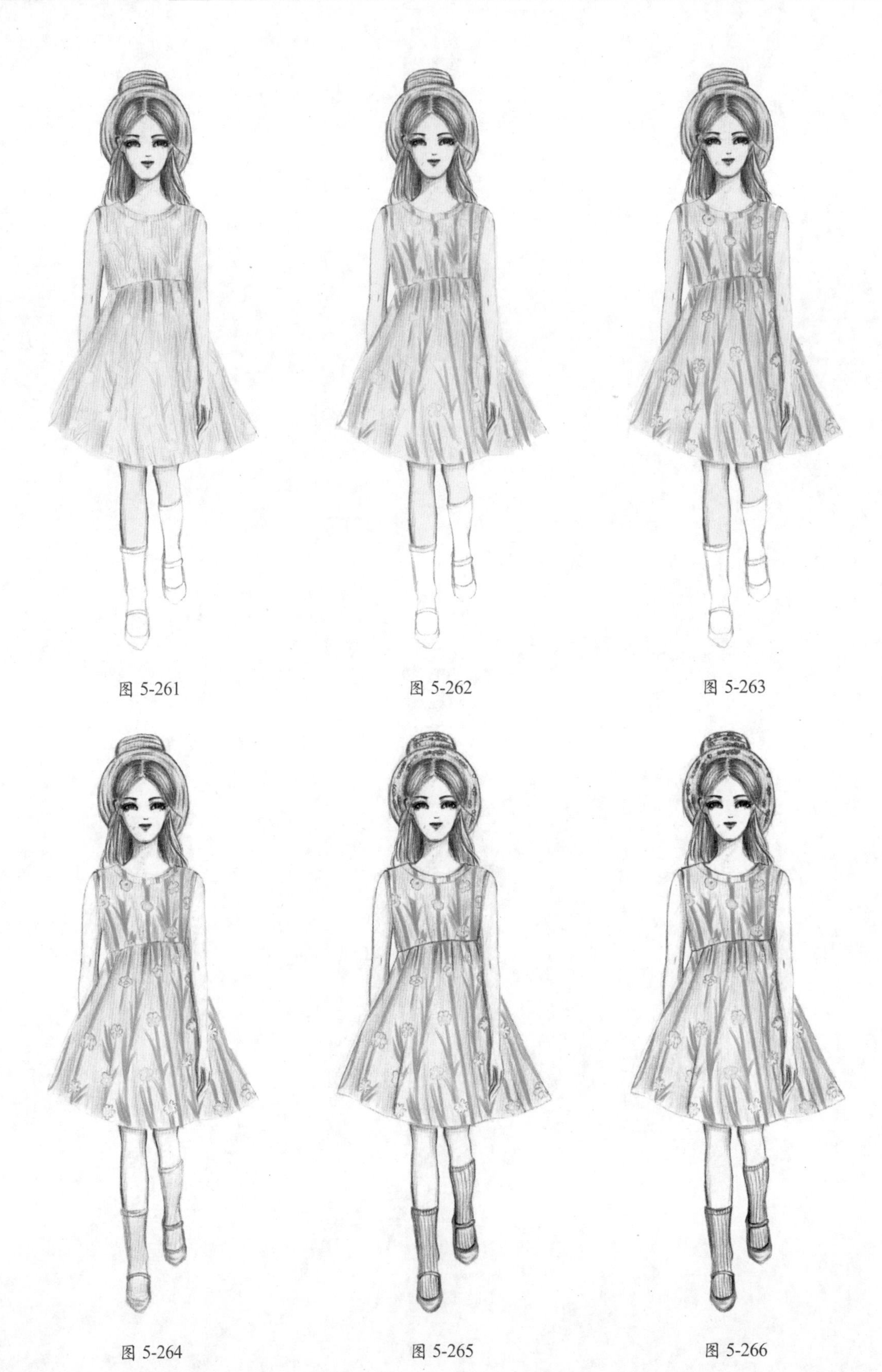

图 5-261 图 5-262 图 5-263

图 5-264 图 5-265 图 5-266

第3篇 综合篇

第6章 多种技法表现效果

我们在绘制时装画时，为更好地展现服装的效果，经常会用到水彩、马克笔、彩铅等同时进行作画。水彩以其丰富的颜色，能表现出任何颜色的面料；马克笔上色的简易快捷性，对于需要大面积上色的体块非常方便；彩铅在使用的时候很方便，也容易修改，用深色就能覆盖住浅色，可以用来刻画服装中的细节部分。

6.1 时装画人体着装线稿表现

人体在穿着不同款式、不同面料的服装时，会表现出截然不同的形象。因此，想要完成精准、完美的时装画，了解人体着装线稿表现是必不可少的过程。这一节就从日常生活中最常见的几款服装来学习人体着装线稿表现。

6.1.1 男装 T 恤

T 恤衫是春夏季人们最喜欢的服装之一，特别是烈日炎炎、酷暑难耐的盛夏，T 恤衫以其自然、舒适、潇洒又不失庄重之感的优点成为人们乐于穿着的时令服装。

男装 T 恤一般以休闲为主，所以我们在表现线稿图时，应当结合人体动态，把握好服装中的褶皱，才能更好地展现出 T 恤的休闲、随意感。

男装 T 恤的绘制步骤如下。

01 绘制出人体上肢部分的动态（图 6–1）。

02 刻画出人体五官及发型，然后根据绘制的线稿图刻画出 T 恤的外形轮廓（图 6–2）。

03 绘制出 T 恤上的图案细节（图 6–3）。

04 用勾线笔对整体线稿进行勾线，然后用橡皮擦擦去铅笔线稿（图 6–4）。

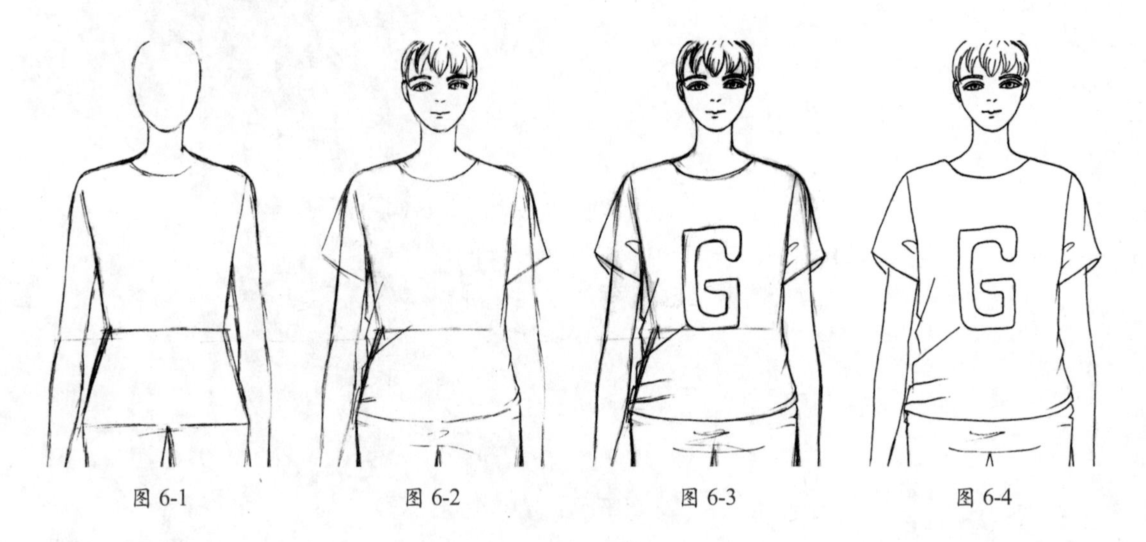

图 6-1　　图 6-2　　图 6-3　　图 6-4

6.1.2 男装毛衫

毛衫即用毛纱或毛型化纤纱编织成的针织上衣，又称羊毛衫。男装毛衫的特点：简约、休闲、保暖。搭配上衬衣，还能突显男士的绅士感。

男装毛衫的绘制步骤如下。

01 绘制出人体上肢部分的动态（图 6–5）。

02 绘制出人体五官及发型，然后根据人体动态，绘制出毛衫的外形轮廓（图 6–6）。

03 绘制出毛衫上大的图案（图 6–7）。

04 继续刻画毛衫上图案的细节（图 6–8）。

05 用勾线笔对整体线稿进行勾线，并用橡皮擦擦去铅笔线稿（图 6–9）。

06 用斜条纹表示出毛衫中较深的面料颜色（图 6–10）。

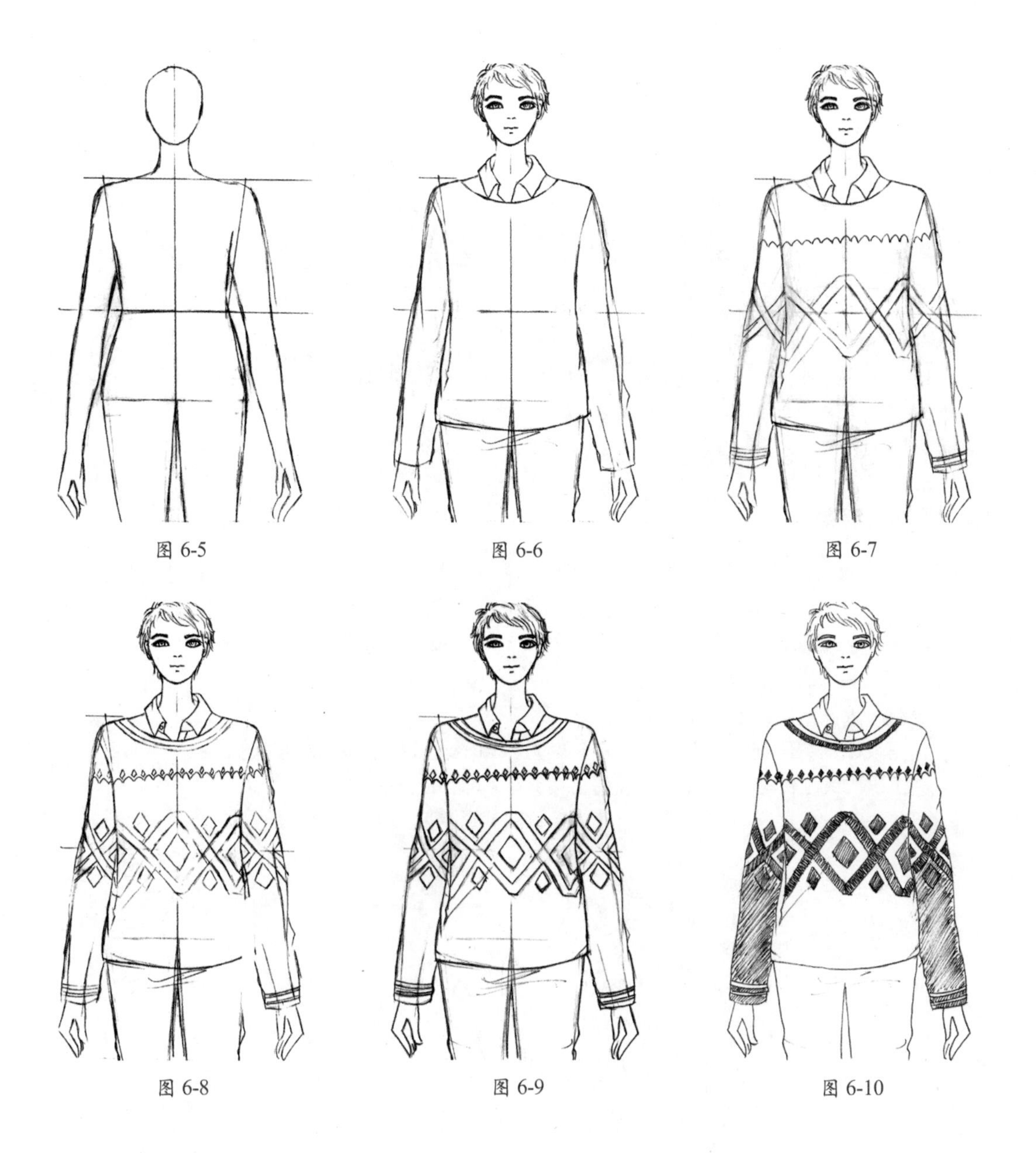

图 6-5　图 6-6　图 6-7

图 6-8　图 6-9　图 6-10

6.1.3　男装外套

外套，是穿在最外层的服装。外套的体积一般比较大，长衣袖在穿着时可覆盖住上身的其他衣服。外套前端有纽扣或者拉链以便穿着。外套一般具有保暖或抵挡雨水的用途。男装外套多以休闲、保暖为主。

男装外套的绘制步骤如下。

01 绘制出人体上肢部分的动态（图 6–11）。

02 绘制出人体五官及发型，然后根据人体动态，绘制出外套的外形轮廓（图 6–12）。

03 刻画出外套上的图案细节（图 6–13）。

04 刻画出外套上的扣子，然后用勾线笔对整体进行勾线，用橡皮擦擦去铅笔线稿（图 6–14）。

图 6-11　图 6-12　图 6-13　图 6-14

6.1.4 男装西装

西装又称作“西服”、“洋装”。西装是一种“舶来文化”。在我国，人们多把具有翻领和驳头、三个衣兜、衣长在臀围线以下的上衣称作“西服”。男士西装，在面料风格上一般选用质地柔软的精纺毛织物。着装风格简洁大气，面料挺括，常搭配衬衣、帽子、领带、领结、领夹、袋巾等。

男士西装的绘制步骤如下。

01 绘制出人体动态（图 6-15）。

02 根据人体动态，刻画出人体的五官、发型、帽子及服装的整体轮廓（图 6-16）。

03 刻画出服装上的领夹、口袋、线迹、褶皱等细节（图 6-17）。

04 用勾线笔对整体进行勾线，并用橡皮擦擦去铅笔线稿（图 6-18）。

图 6-15　图 6-16　图 6-17　图 6-18

6.1.5　女装衬衫

衬衫是穿在内外上衣之间、也可单独穿用的上衣。女装衬衣相对于男装衬衣而言，其款式更加多元化。但无论款式怎么变化，都是在最基本的款式上进行改变的。

女装衬衣的绘制步骤如下。

01 绘制出人体上肢部分的人体动态（图 6–19）。

02 绘制出衬衣的外形轮廓（图 6–20）。

03 绘制出衬衣的门襟、衣服上的线迹和褶皱（图 6–21）。

04 用勾线笔对整体进行勾线，并用橡皮擦擦去铅笔线稿（图 6–22）。

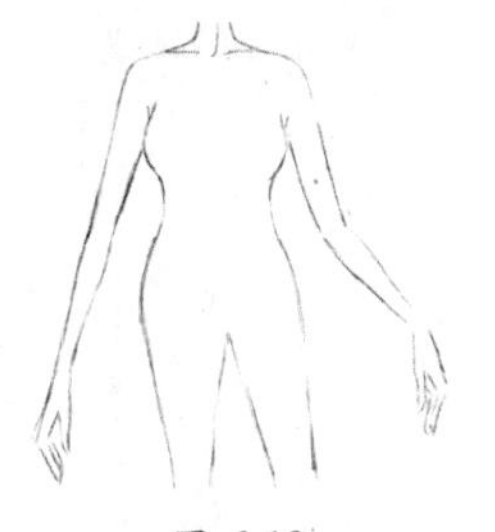

图 6-19

图 6-20

图 6-21

图 6-22

6.1.6　女装连衣裙

连衣裙是裙子中的一类。连衣裙是一个品种的总称，是人们，特别是年轻女孩首选的夏装之一。女装的连衣裙，应当表现出其飘逸的质感，突显女性的柔美感。

女装连衣裙的绘制步骤如下。

01 绘制出人体动态（图 6–23）。

02 根据人体动态，刻画出连衣裙的外形（图 6–24）。

03 绘制出连衣裙上的花朵图案（图 6–25）。

04 用勾线笔勾出整体线稿，并用橡皮擦擦去铅笔线稿（图 6–26）。

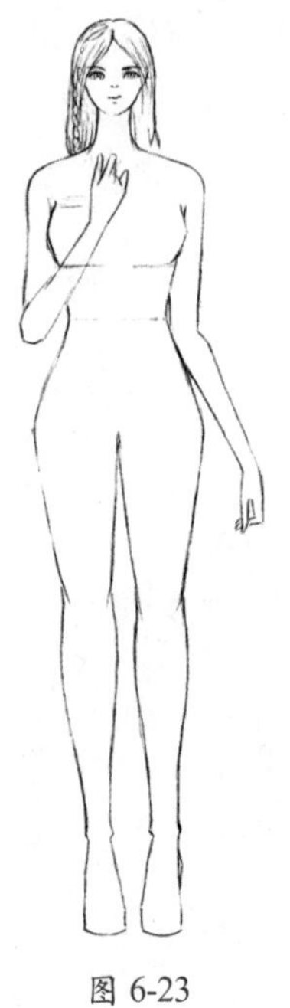

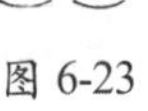

图 6-23

图 6-24

图 6-25

图 6-26

6.1.7 女装裤子

裤子，泛指人穿在腰部以下的服装，一般是由一个裤腰、一个裤裆、两条裤腿缝纫而成。应当根据裤子的款式、面料及腿部的姿势去表现女装裤子。

女装裤子的绘制步骤如下。

01 绘制出人体下肢部分的动态（图 6–27）。

02 根据人体下肢动态，绘制出裤子的外形轮廓（图 6–28）。

03 绘制出裤子的腰头、口袋、褶皱等细节（图 6–29）。

04 用勾线笔对整体进行勾线，并用橡皮擦擦去铅笔线稿（图 6–30）。

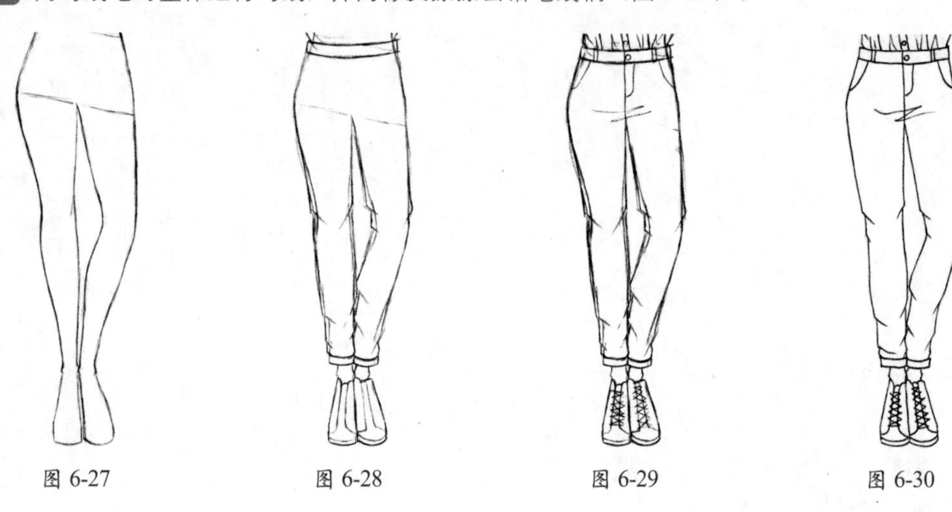

图 6-27　　图 6-28　　图 6-29　　图 6-30

6.1.8 女装风衣

风衣，一种防风雨的薄型大衣，又称风雨衣。风衣是服饰中的一种，适合于春、秋、冬季外出穿着，是近二三十年来比较流行的服装。我们在绘制女装风衣的时候，可以尽量表现得简洁些，这样更能突显女性成熟、大方、干练的特质。

女装风衣的绘制步骤如下。

01 绘制出人体上肢部分的动态（图 6–31）。

02 根据上肢动态绘制出风衣的外形轮廓（图 6–32）。

03 绘制出风衣上的扣子、腰带、门襟等细节部分（图 6–33）。

04 用勾线笔对整体进行勾线，然后用橡皮擦擦去铅笔线稿（图 6–34）。

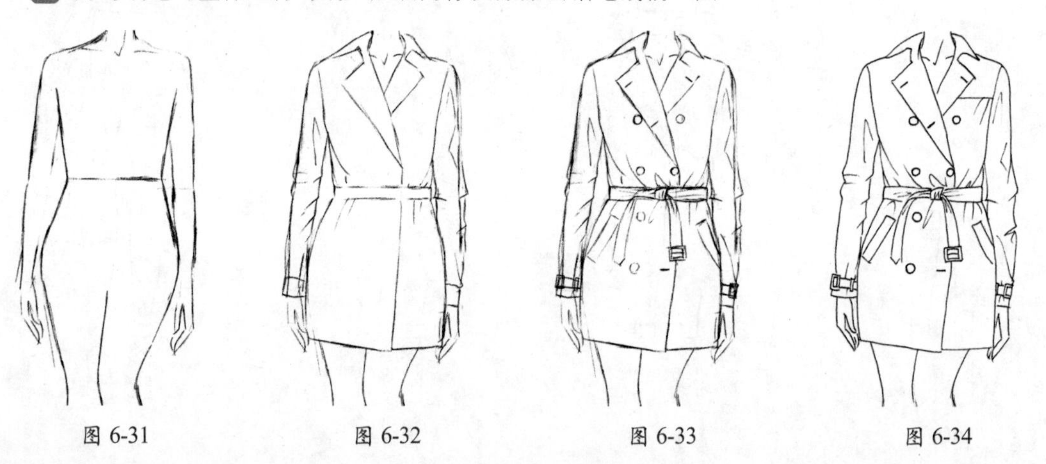

图 6-31　　图 6-32　　图 6-33　　图 6-34

6.1.9　女装礼服裙

礼服是指在某些重大场合上参与者所穿着的、庄重而且正式的服装。礼服裙的款式是多种多样的，有鱼尾裙、蓬蓬裙、小礼服等。不同款式的礼服有不同的特征，长的礼服突显出女性的端正、典雅；短的小礼服突显女性的俏皮、可爱。

女装礼服裙的绘制步骤如下。

01 绘制出人体动态（图 6–35）。

02 根据人体动态绘制出礼服的款式（图 6–36）。

03 用勾线笔勾出整体线稿，并用橡皮擦擦去铅笔线稿（图 6–37）。

04 刻画出礼服裙上的网状部分和腰部细节（图 6–38）。

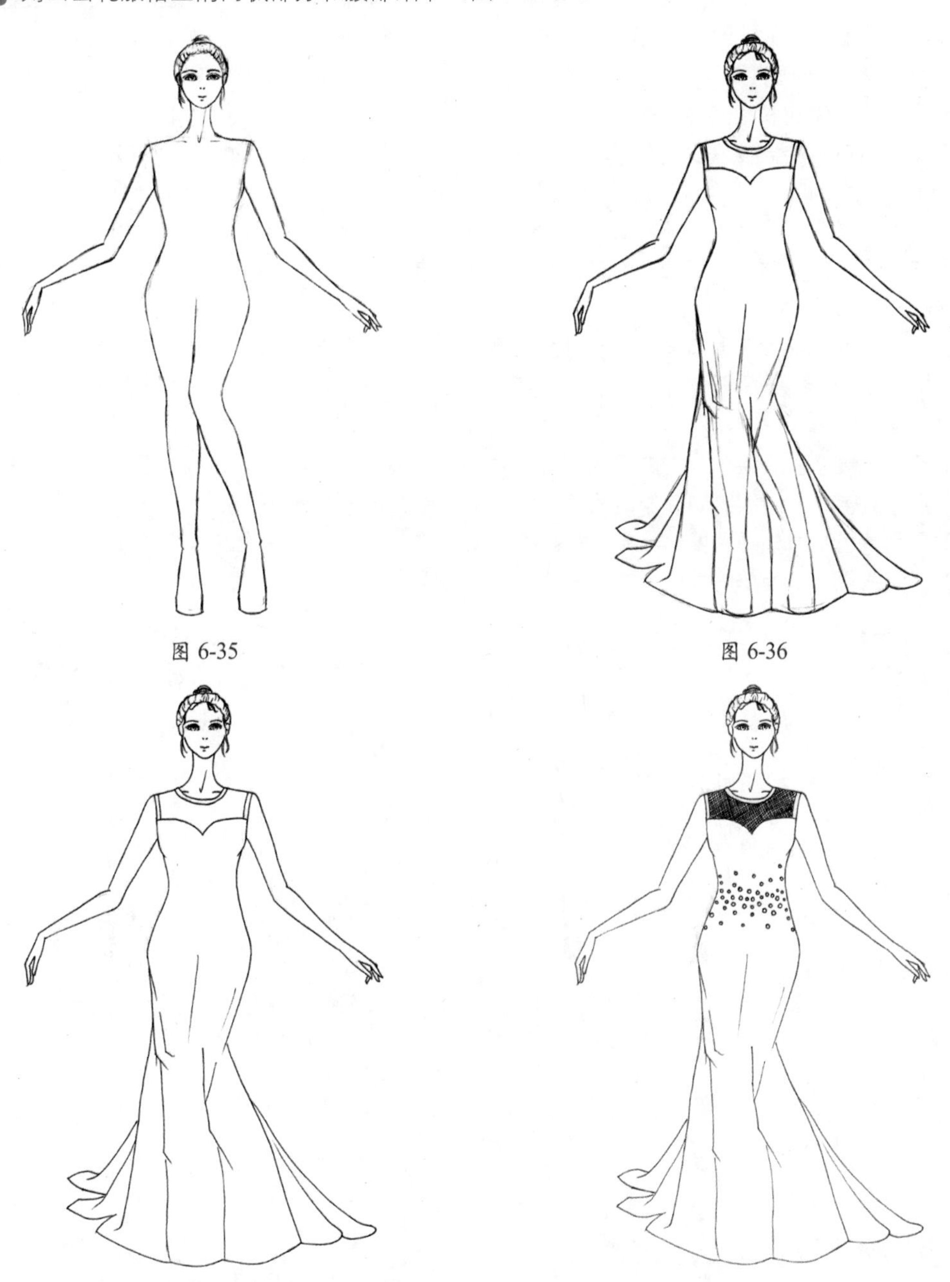

图 6-35　图 6-36

图 6-37　图 6-38

6.2 马克笔与水彩表现技法

在同时使用到马克笔和水彩表现服装效果时，我们应该先了解到这两种绘画工具的特征，即前面讲到的马克笔色彩丰富、笔触略粗，可以刻画大面积面料和表现物体立体感。对于较为细小的细节，马克笔是表现不出来的，所以就要利用到水彩来表现物体的细节。而水彩与水的结合，可以调和出各种颜色，利用水彩的此类特征，也很容易表现出物体的明暗关系。

6.2.1 服装人体上色处理

我们在对人体进行上色时，在上第一层底色时，可以对皮肤高光部分进行留白，以此表现出皮肤的光泽感，也可以不留白，通过对暗部加深的方式，表现皮肤的光泽和立体感。

服装人体上色处理的步骤如下。

01 绘制出人体动态（图 6–39）。

02 用淡赭石色绘制皮肤的底色，一般情况下可以按照百分之九十的水加上百分之十的颜料的比例将赭石色进行调和后，用出现的淡赭石色绘制人体皮肤的底色。但这个比例并不是固定的，可以根据自己的喜好和模特肤色的需求调和出深浅不一的赭石色（图 6–40）。

03 用 71 号蓝色马克笔细化眼睛虹膜，用 16 号红色马克笔绘制嘴唇。然后用勾线笔对五官进行勾线（图 6–41）。

04 先确定好光线的来源方向，将光线照不到的地方，或是被物体挡住光线的部分，确定为皮肤的暗部，可以用 25 号马克笔涂出皮肤暗部。在涂皮肤暗部的时候，同时也可绘制眼睛下面肌肤，突显面部的立体感（图 6–42）。

05 用柠檬黄色水彩绘制头发的底色，可以对头发的高光部分进行留白，也可不留（图 6–43）。

06 用藤黄色水彩继续绘制头发的底色，注意留出高光部分（图 6–44）。

07 用土黄色水彩刻画头发的暗部。头顶及被物体挡住的地方为头发的暗部（图 6–45）。

08 用勾线笔勾出暗部的线稿（图 6–46）。

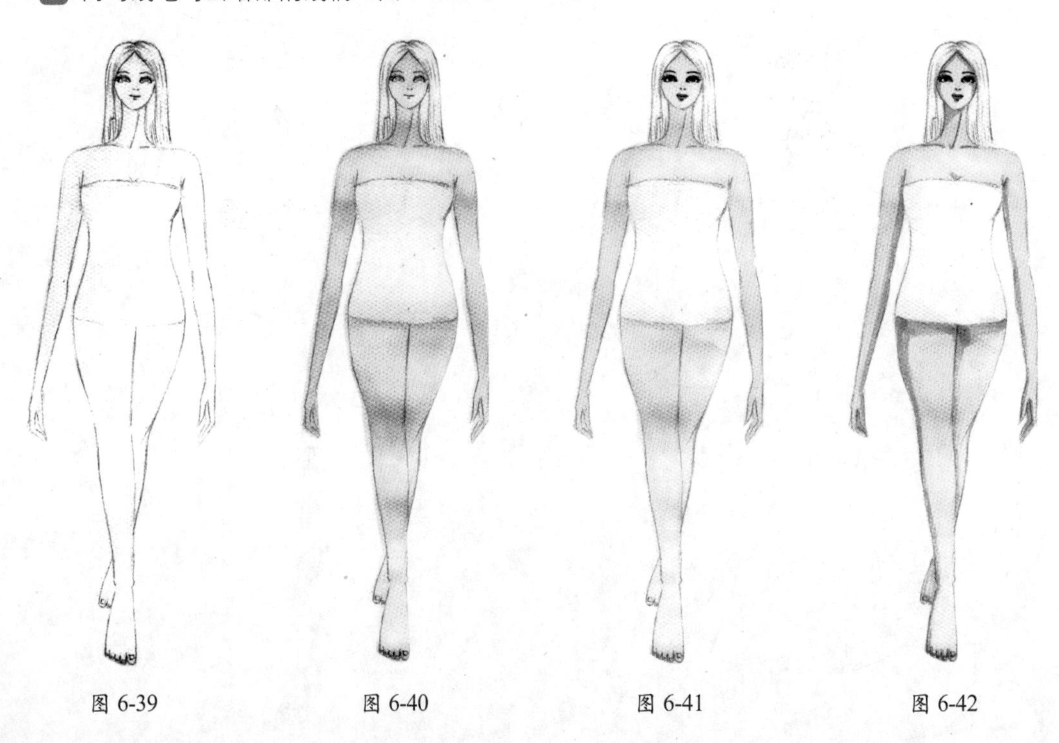

图 6-39　图 6-40　图 6-41　图 6-42

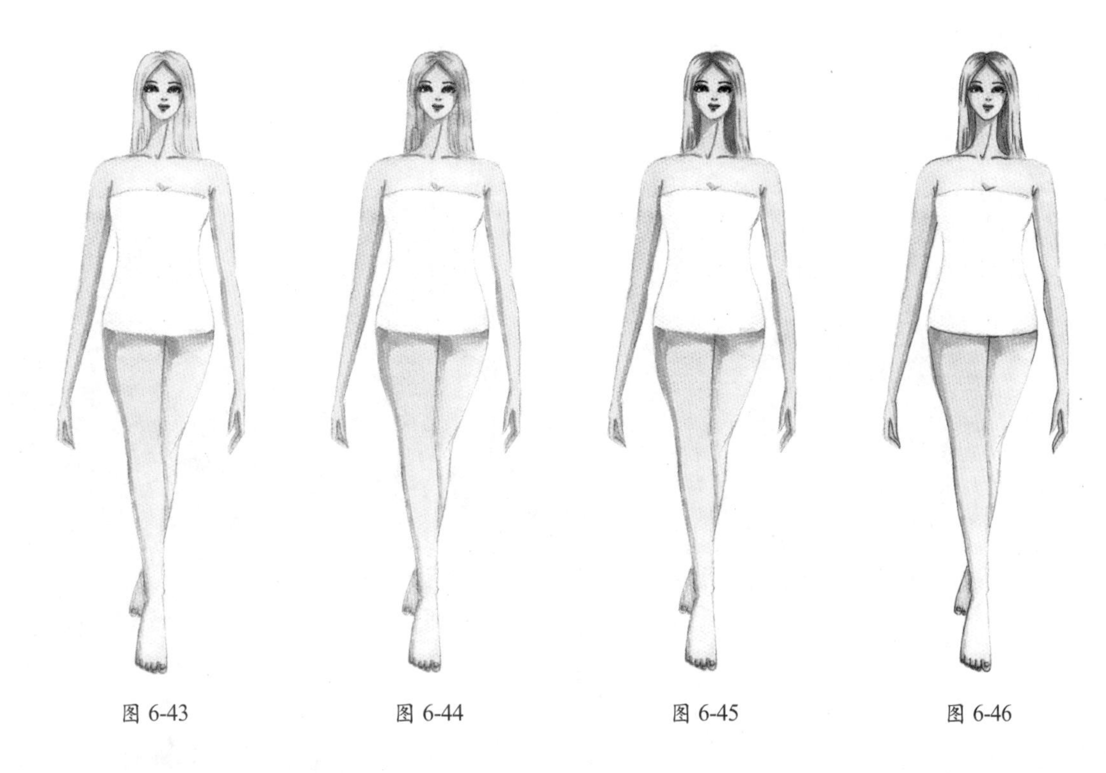

图 6-43　　图 6-44　　图 6-45　　图 6-46

6.2.2　时装效果图步骤分解

在绘制服装效果图时，可以通过已有的服装展现的效果临摹表现。在临摹的时候，设计者可以全部按照效果展示图那样刻画，也可以对其动态、发型、款式等进行适当的改变，将现实生活中或是 T 台秀上的时装，变成自己独有的风格。

时装效果图的绘制步骤解析如下。

01 绘制出人体动态（图 6–47）。

02 根据人体动态，绘制出服装（图 6–48）。

03 用淡赭石色水彩绘制皮肤的底色（图 6–49）。

04 用深点的赭石色水彩绘制皮肤暗部（图 6–50）。

05 用 71 号蓝色马克笔绘制眼睛虹膜，用 8 号红色马克笔为嘴唇上色。然后用勾线笔对五官进行勾线（图 6–51）。

06 用土黄色水彩绘制头发的底色（图 6–52）。

07 用赭石色水彩绘制头发暗部的颜色（图 6–53）。

08 用熟褐色水彩深入刻画头发暗部的颜色（图 6–54）。

09 用深灰色水彩绘制围巾的底色（图 6–55）。

10 用黑色水彩加深围巾暗部的颜色（图 6–56）。

11 用土黄和白色水彩刻画出围巾上的不规则图案（图 6–57）。

12 用橘色水彩绘制上衣的部分条纹（图 6–58）。

13 用酞青绿水彩绘制上衣剩下部分的条纹（图 6–59）。

14 用 103 号棕色马克笔刻画出上衣桔色面料部分的暗部，用 42 号灰色马克笔刻画出上衣绿色部分的暗部颜色（图 6–60）。

15 用淡褐色水彩涂出裤子的底色，可以适当地留白。然后用深点的褐色水彩绘制裤子暗部的颜色（图 6–61）。

16 用深褐色水彩深入刻画裤子暗部的颜色（图 6–62）。

17 用橘色水彩绘制鞋子的底色，然后用 103 号棕色马克笔绘制鞋子暗部和深色部分（图 6–63）。

18 用赭石色水彩涂出鞋底和鞋子最上面的颜色，然后用勾线笔对整体进行勾线（图 6–64）。

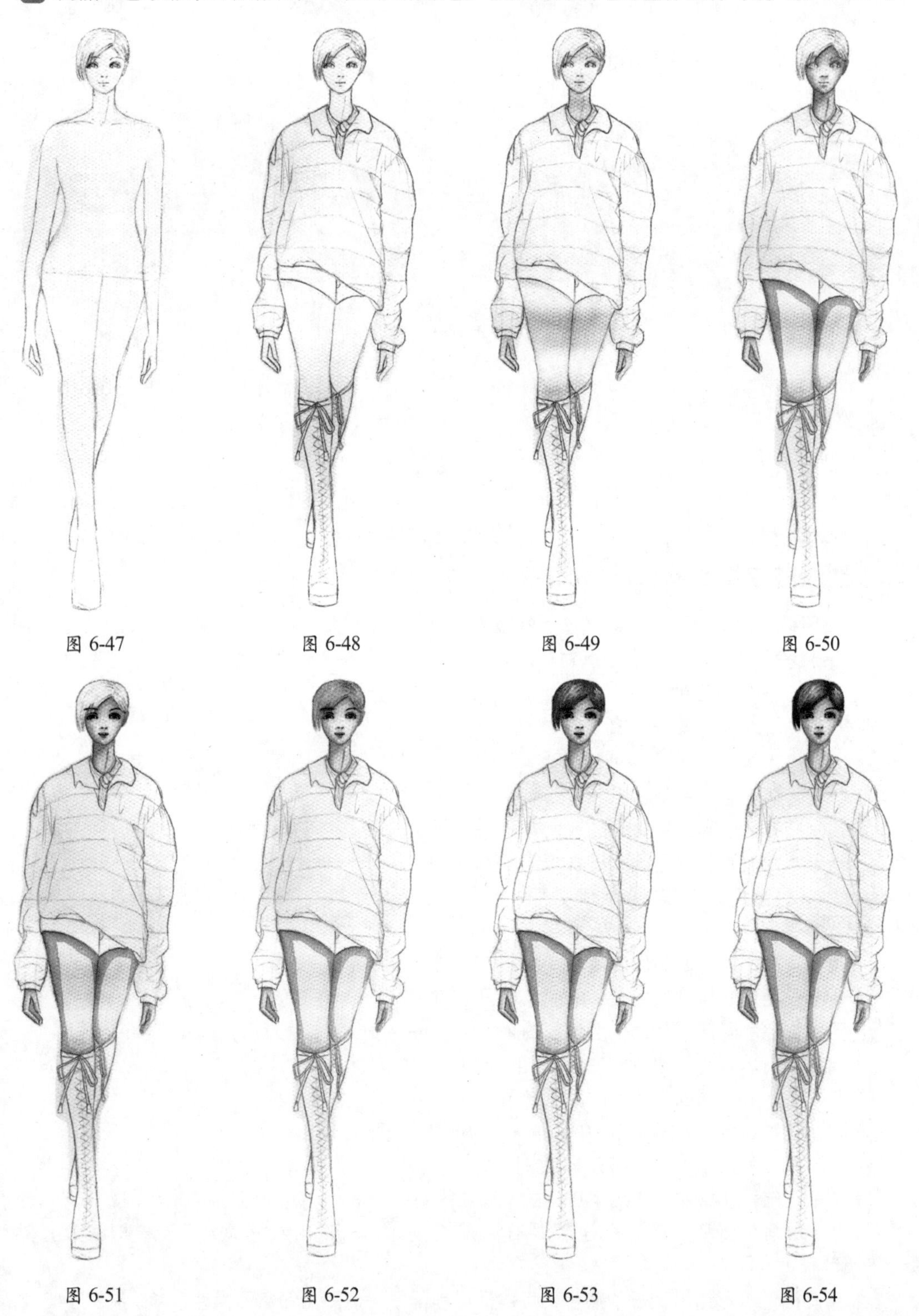

图 6-47　图 6-48　图 6-49　图 6-50

图 6-51　图 6-52　图 6-53　图 6-54

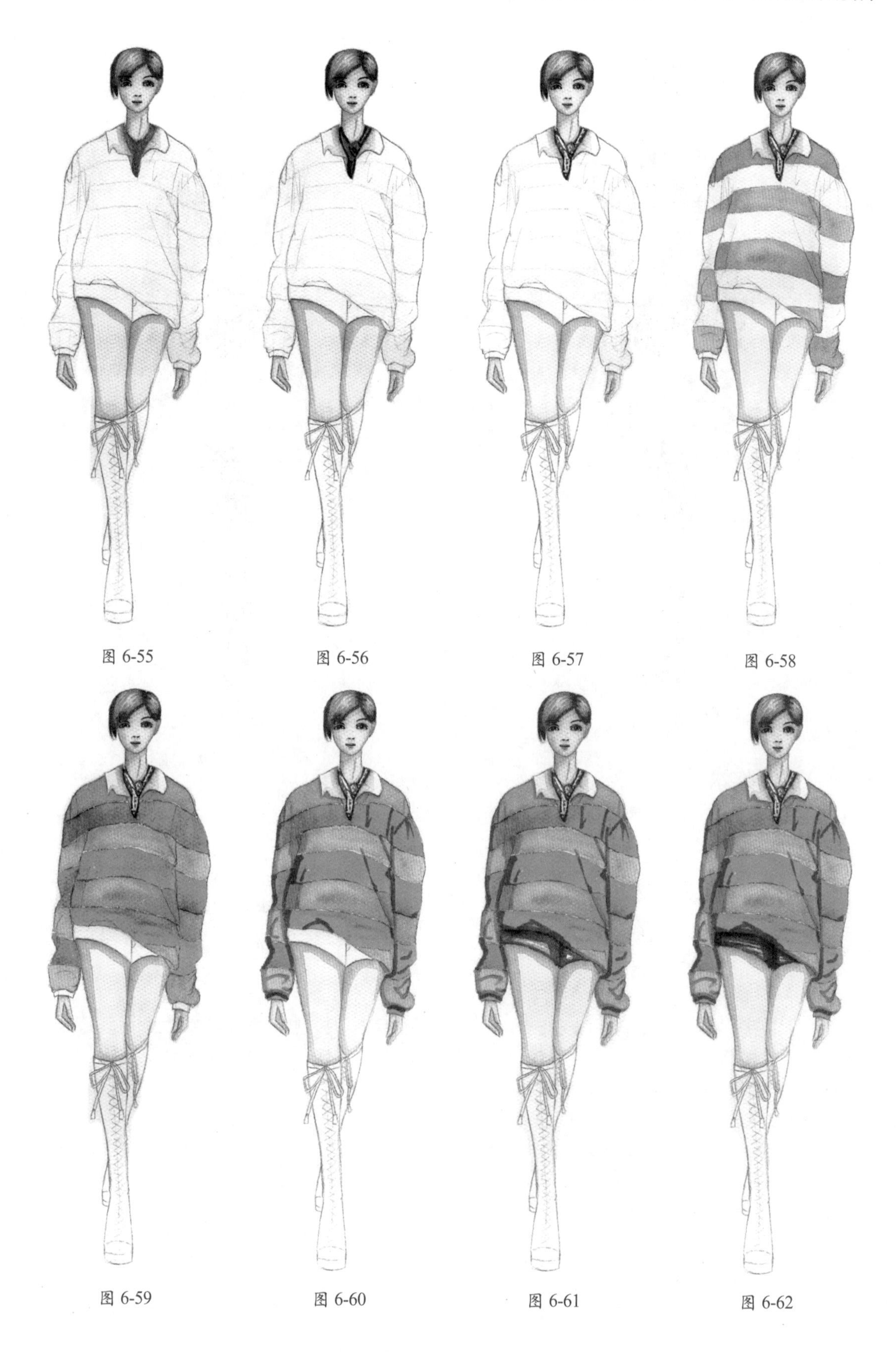

图 6-55　图 6-56　图 6-57　图 6-58

图 6-59　图 6-60　图 6-61　图 6-62

图 6-63

图 6-64

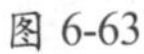

6.2.3 范例临本

1. 范例一

在绘制秋冬季连衣裙时，要注意美观，同时也需要一定的保暖效果。所以在绘制时，应当表现出面料的厚度。

秋冬季连衣裙的绘制步骤如下。

01 绘制出人体动态及服装线稿图（图 6–65）。

02 用淡赭石色水彩绘制皮肤的底色（图 6–66）。

03 用深点的赭石色水彩绘制皮肤的暗部，然后用蓝色水彩绘制眼睛虹膜的颜色，用红色水彩绘制嘴唇，可以对高光部分进行留白。再用铅笔刻画出领子及肩部的荷叶花边（图 6–67）。

04 用 34 号马克笔绘制头发的底色（图 6–68）。

05 用土黄色水彩刻画出头发的发丝（图 6–69）。

06 用褐色水彩刻画出头发的暗部（图 6–70）。

07 用淡钴蓝色水彩画裙子和鞋子的底色，留出裙子的领部和肩部（图 6–71）。

08 用深点的钴蓝色水彩绘制裙子和鞋子的暗部及阴影部分（图 6–72）。

09 用 GG1 号马克笔刻画出荷叶边的暗部及阴影部分（图 6–73）。

10 用 CG4 号马克笔深入刻画荷叶边的暗部及阴影部分，然后用勾线笔对整体进行勾线（图 6–74）。

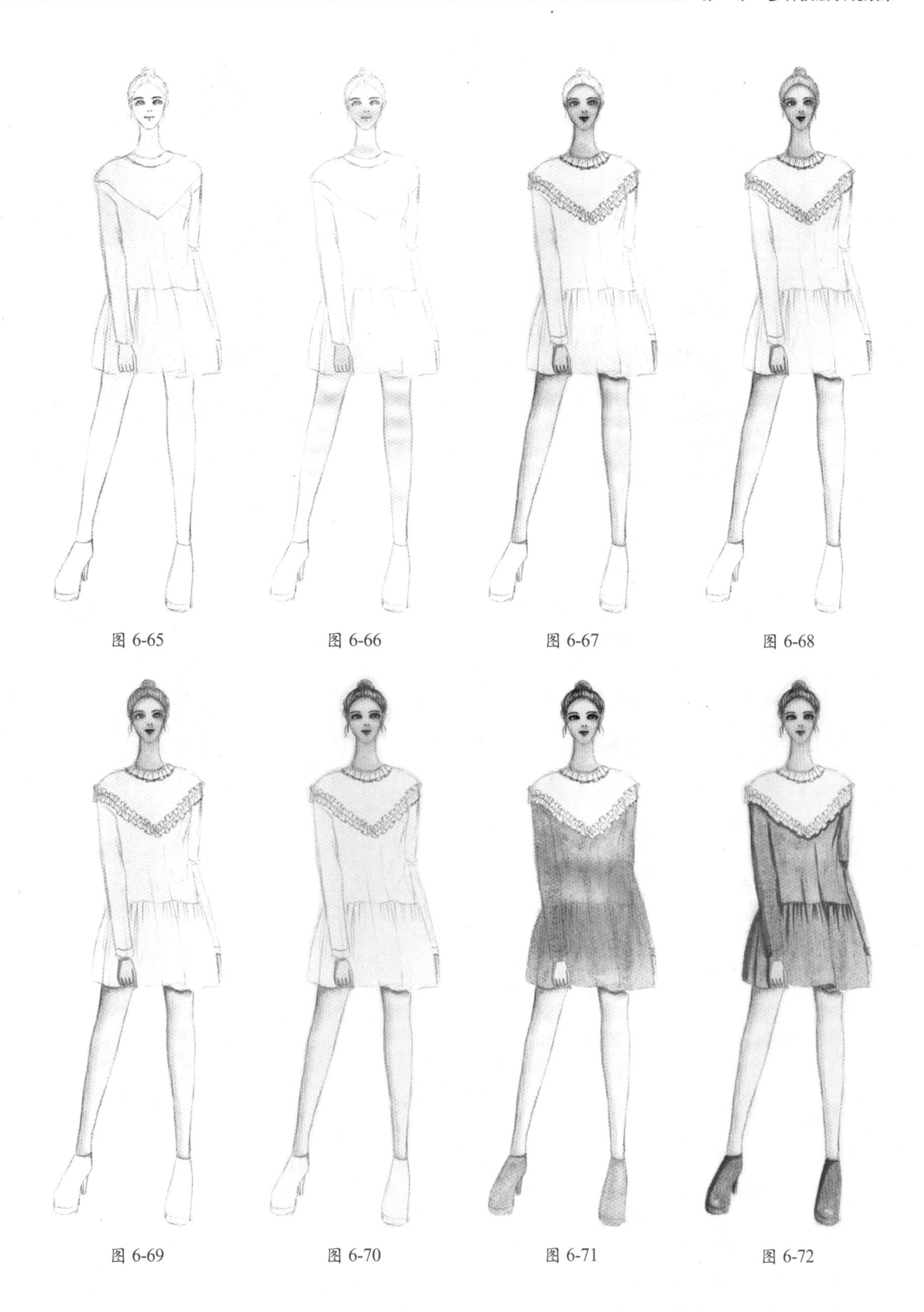

图 6-65　图 6-66　图 6-67　图 6-68

图 6-69　图 6-70　图 6-71　图 6-72

图 6-73

图 6-74

2．范例二

套装裙的上装和下装有共同的特征，但又有各自的特点。其整体给人以和谐的感觉。

套装裙的绘制步骤如下。

01 绘制出人体动态（图 6–75）。

02 根据人体动态，绘制出服装。修身的上衣加上宽大的裙子，配上大红色的条纹，简约大方（图 6–76）。

03 用淡赭石色的水彩涂出皮肤的底色（图 6–77）。

04 用深点的赭石色水彩绘制皮肤的暗部（图 6–78）。

05 用 71 号蓝色马克笔绘制眼睛虹膜，用 8 号红色马克笔画出嘴唇的颜色。然后用勾线笔对五官进行勾线（图 6–79）。

06 用黄色水彩绘制头发的底色，可对高光部分进行留白，也可不留（图 6–80）。

07 用淡褐色水彩画出头发暗部的颜色（图 6–81）。

08 用深点的褐色水彩绘制头发暗部（图 6–82）。

09 用灰色水彩画出裙子暗部的颜色及鞋子底色（图 6–83）。

10 用 WG6 号深灰色马克笔深入刻画裙子及鞋子暗部的颜色（图 6–84）。

11 用大红色水彩涂出上衣图案及裙子上条纹的颜色（图 6–85）。

12 用勾线笔对整体进行勾线（图 6–86）。

图 6-75　图 6-76　图 6-77

图 6-78　图 6-79　图 6-80

图 6-81 图 6-82 图 6-83

图 6-84 图 6-85 图 6-86

6.3 马克笔与彩铅表现技法

马克笔和彩铅在携带时都非常方便，前面已经讲过马克笔和彩铅的特征，所以我们可以运用其各自的特征，即用马克笔对大片面料进行上色，用彩铅刻画服装的细节部分。

6.3.1 服装人体上色处理

用马克笔和彩铅对人体进行上色的时候，由于彩铅比马克笔更能表现出物体的细节，所以可以直接用彩铅表现头发部分。

服装人体的上色步骤如下。

01 绘制出人体动态线稿（图 6–87）。

02 用肤色的彩铅均匀画出皮肤的底色（图 6–88）。

03 确定光线来源的方向，用 25 号马克笔刻画出皮肤的暗部（图 6–89）。

04 用普蓝色彩铅绘制眼睛虹膜，用曙红色彩铅画出嘴唇的颜色（图 6–90）。

05 用黄褐色彩铅绘制头发的底色，可以对高光部分进行留白（图 6–91）。

06 用熟褐色彩铅刻画出头发的发丝（图 6–92）。

07 用深褐色彩铅刻画出头发的暗部（图 6–93）。

08 用勾线笔勾出五官的线稿，然后对整体的暗部进行勾线（图 6–94）。

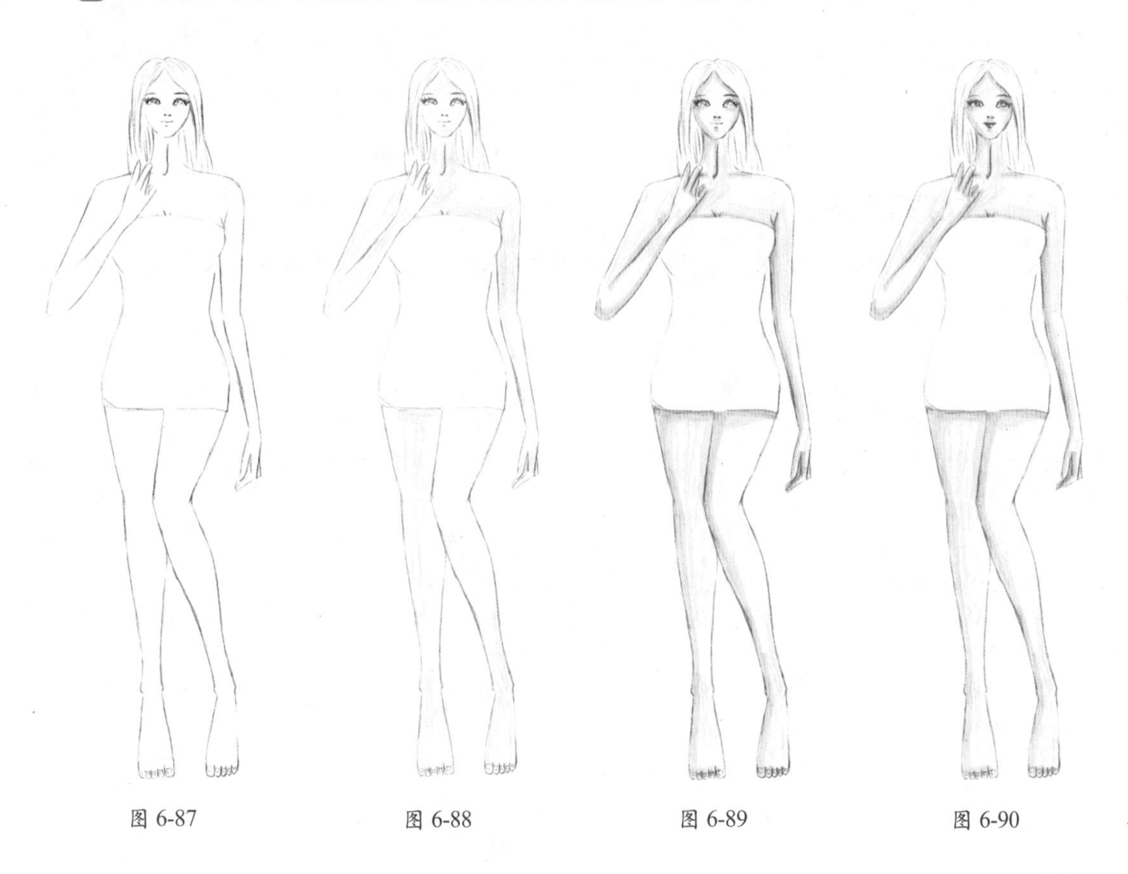

图 6-87　　图 6-88　　图 6-89　　图 6-90

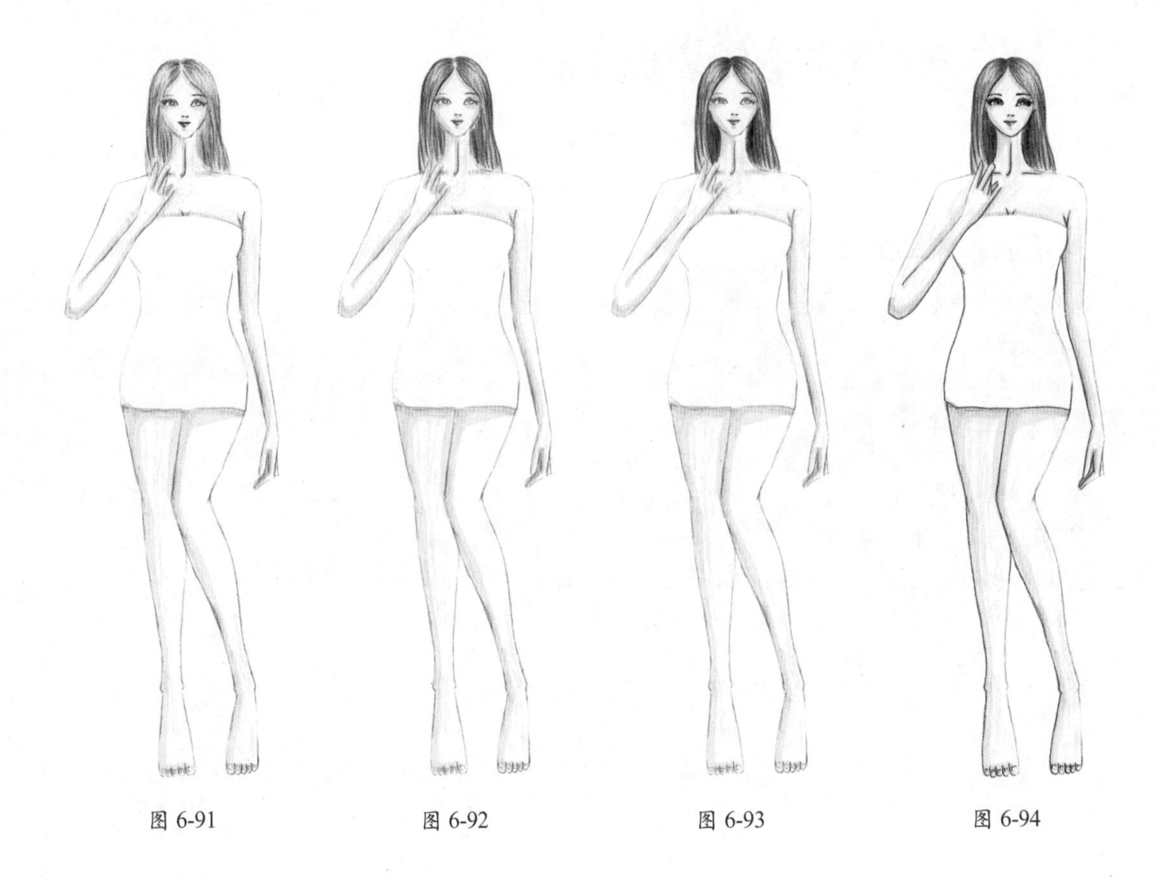

图 6-91　　图 6-92　　图 6-93　　图 6-94

6.3.2 时装效果图步骤分解

在表现单一色彩的服装时，通常都需要一些饰品或装饰物进行点缀，使服装不致单调。

礼服效果图的绘制步骤分解如下。

01 绘制出人体动态及服装线稿图（图 6–95）。

02 用肤色彩铅均匀绘制皮肤的底色，然后加重笔触，刻画出皮肤的暗部（图 6–96）。

03 用普蓝色彩铅绘制眼睛虹膜，用曙红色彩铅绘制嘴唇（图 6–97）。

04 用黄褐色彩铅画出头发的底色，在用彩铅对头发上色时，应当顺着发丝的方向上色，以此表现出头发的发丝，注意对高光部分留白（图 6–98）。

05 用赭石色彩铅刻画出头发的暗部，表现出头发的层次感（图 6–99）。

06 用黑色彩铅深入刻画头发的暗部，强调发丝的层次感（图 6–100）。

07 用 145 号马克笔绘制裙子的底色。在涂底色的时候，可以均匀地涂完整，也可以适当地留白（图 6–101）。

08 用 75 号马克笔的宽头刻画出裙子的暗部。在刻画暗部时，适当留出宽头马克笔的笔迹。马克笔的笔迹能表现出裙子的褶皱（图 6–102）。

09 用 77 号马克笔深入刻画裙子的暗部，突显裙子的立体感（图 6–103）。

10 分别用 141 号和 55 号马克笔刻画出裙子上装饰物的颜色（图 6–104）。

11 用勾线笔对五官及整体的暗部进行勾线（图 6–105）。

12 用白色彩铅刻画出裙子上的装饰物的高光部分，用 102 号和 54 号马克笔分别刻画出装饰物暗部的颜色（图 6–106）。

图 6-95　图 6-96　图 6-97

图 6-98　图 6-99　图 6-100

图 6-101　图 6-102　图 6-103

图 6-104　图 6-105　图 6-106

6.3.3 范例临本

在表现效果图时，还应当注意色彩的搭配效果，想要表现出不同的时装效果，在颜色的运用上也是很重要的。暗色给人成熟稳重的感觉，亮色给人清爽活力的感觉。

1．范例一：暗色服装范例

在绘制秋冬季服装时，多会用到较深的暗色系表现，但是如果整体都是暗色的话，会让人感觉到沉闷，所以可以用一些较为亮色的装饰物点缀，以此打破服装整体的沉闷感。

01 绘制出人体的动态及服装线稿图（图 6–107）。

02 用肤色彩铅均匀绘制皮肤的底色，然后加重笔触，刻画出暗部的肤色（图 6–108）。

03 用普蓝色彩铅绘制眼睛虹膜，用曙红色彩铅画出嘴唇的颜色，然后用赭石色彩铅绘制头发的底色，注意高光部分留白，暗部加深。然后用熟褐色彩铅深入刻画头发的暗部（图 6–109）。

04 用大红色彩铅涂出帽子的底色，然后用深红色彩铅加深帽子的暗部（图 6–110）。

05 用赭石色彩铅深入刻画帽子的暗部（图 6–111）。

06 用灰色彩铅刻画出衬衣领子部分暗部的颜色，然后用 102 号马克笔涂出外套的底色，用 92 号马克笔加深外套暗部的颜色（图 6–112）。

07 用 49 号马克笔绘制裙子的底色（图 6–113）。

08 用 169 号马克笔加深裙子的暗部（图 6–114）。

09 用 104 号马克笔刻画出裙子上的竖条纹，然后用 34 号马克笔刻画裙子上暗部的竖条纹（图 6–115）。

10 用 BG1 号马克笔绘制鞋子的底色，然后用 BG5 号马克笔画出鞋子的暗部（图 6–116）。

11 用 CG6 号马克笔深入刻画鞋子的暗部（图 6–117）。

12 用银色彩铅刻画出上衣中图案的颜色，然后用勾线笔对五官及整体的暗部进行勾线（图 6–118）。

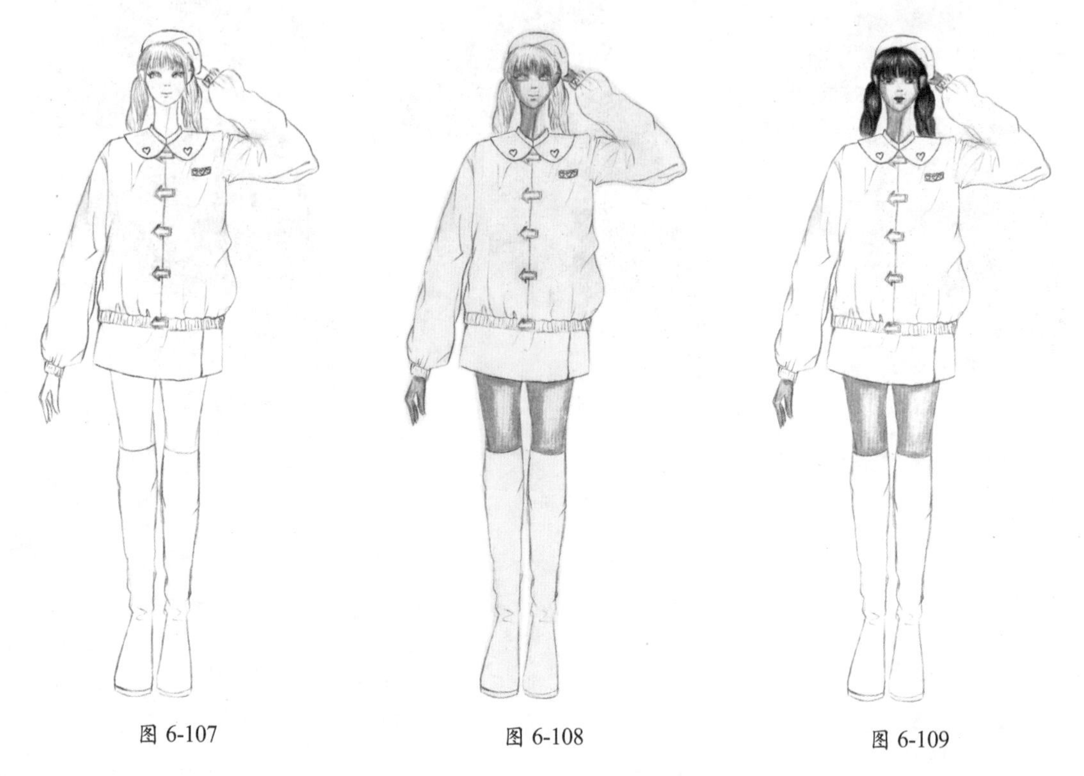

图 6-107　　图 6-108　　图 6-109

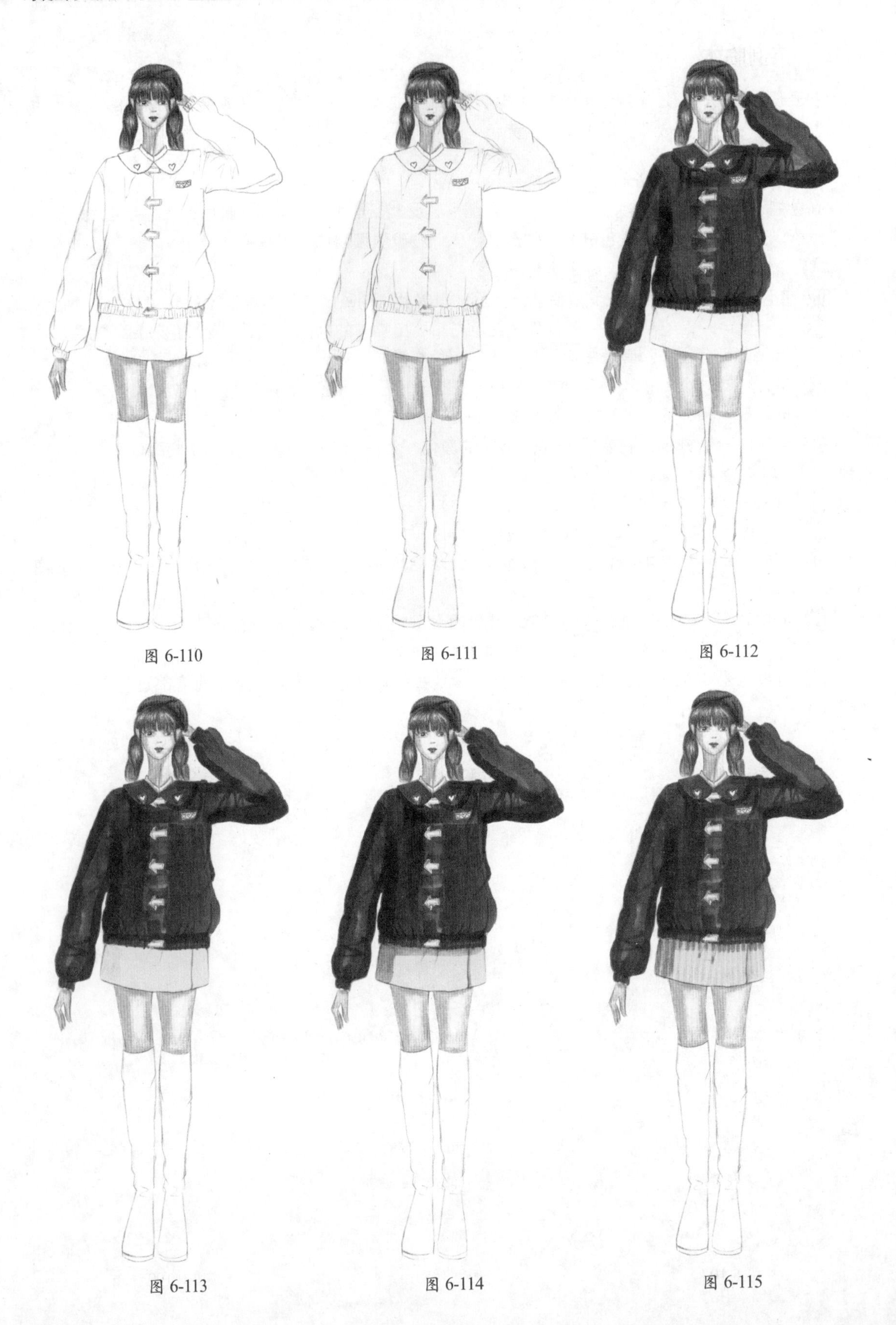

图 6-110　图 6-111　图 6-112

图 6-113　图 6-114　图 6-115

图 6-116　　图 6-117　　图 6-118

2. **范例二：亮色服装范例**

鲜艳的颜色赋予时装青春的色彩，但是我们在表现亮色服装时，由于颜色的鲜艳，往往会让人感觉到颜色过于杂乱，这个时候就需要用到无彩色系的黑白灰进行调和，从而让服装整体看上去更为和谐。

01 绘制出人体动态及服装线稿图（图 6–119）。

02 用肤色彩铅绘制皮肤的底色，在绘制底色的时候，注意握笔的力度要始终保持一致，才能画出均匀的肤色；然后再加重笔触，绘制出皮肤的暗部（图 6–120）。

03 用黄褐色彩铅画出头发的底色，注意高光部分留白。用普蓝色彩铅绘制眼睛虹膜的颜色，用曙红色彩铅画出嘴唇的颜色（图 6–121）。

04 用赭石色彩铅画出头发暗部的颜色，然后用熟褐色彩铅深入刻画头发暗部的颜色（图 6–122）。

05 用 WG2 号马克笔绘制上衣白色部分暗部及阴影部分的颜色，然后用 CG5 号马克笔深入刻画其暗部的颜色（图 6–123）。

06 用 138 号和 145 号马克笔分别刻画出两个袖子的底色。在用马克笔上底色时，可以将底色绘制均匀（图 6–124）。

07 用 88 号和 75 号马克笔分别刻画出两个袖子暗部的颜色。在用马克刻画暗部时，可以均匀地绘制暗部的颜色，也可以刻意留出马克笔的线迹（图 6–125）。

08 用 104 号马克笔均匀画出裤子的底色（图 6–126）。

09 用 102 号马克笔均匀绘制出裤子暗部的颜色（图 6–127）。

10 用赭石色彩铅刻画出上衣中图案的颜色；用 WG2 号马克笔刻画出裤子裤边上的皮毛纹理（图 6–128）。

11 用 WG2 号马克笔刻画出鞋子暗部的颜色，用 CG5 号马克笔深入刻画鞋子暗部的颜色（图 6–129）。

12 用勾线笔对人物的五官及整体的暗部进行勾线（图 6–130）。

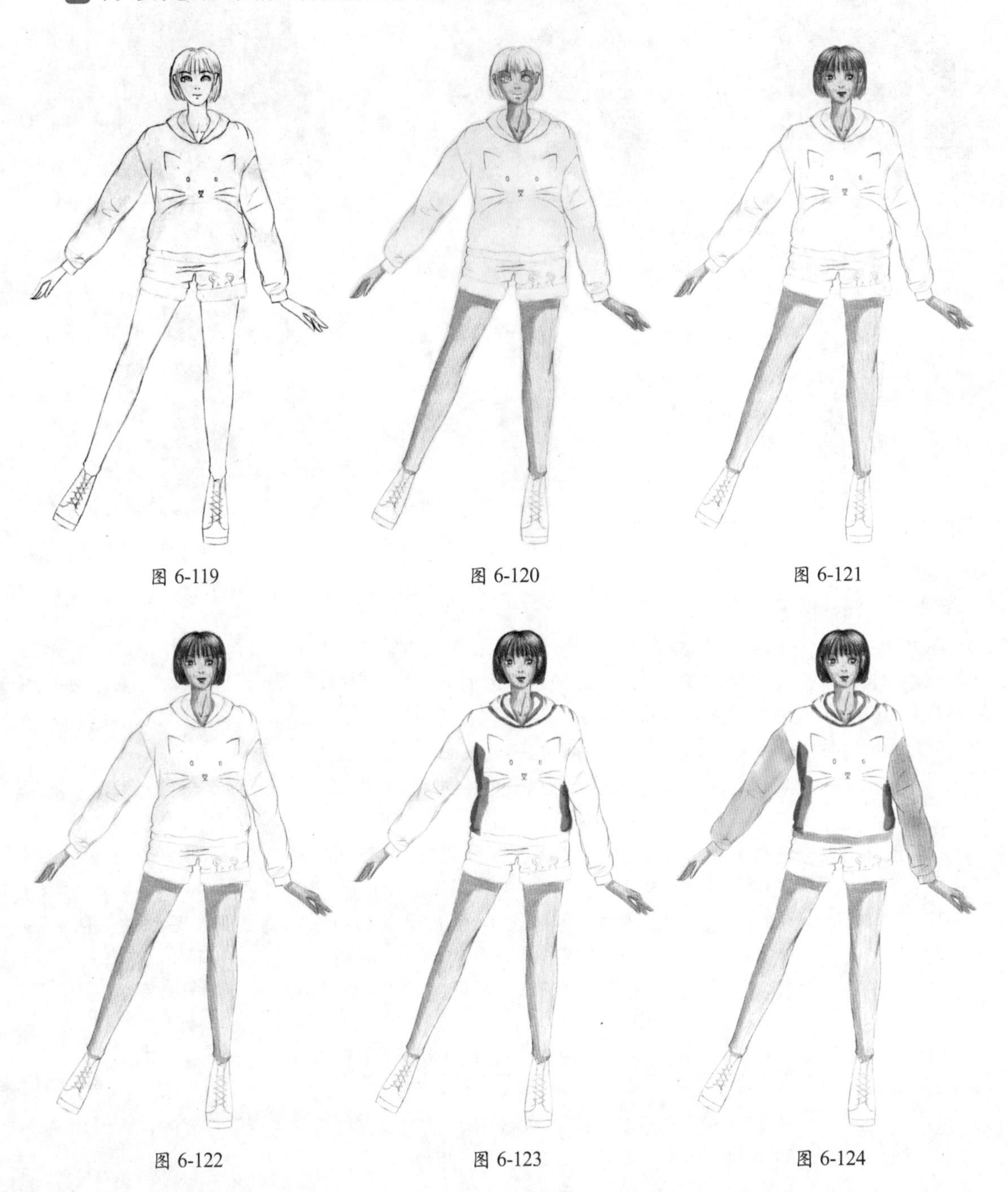

图 6-119　　图 6-120　　图 6-121

图 6-122　　图 6-123　　图 6-124

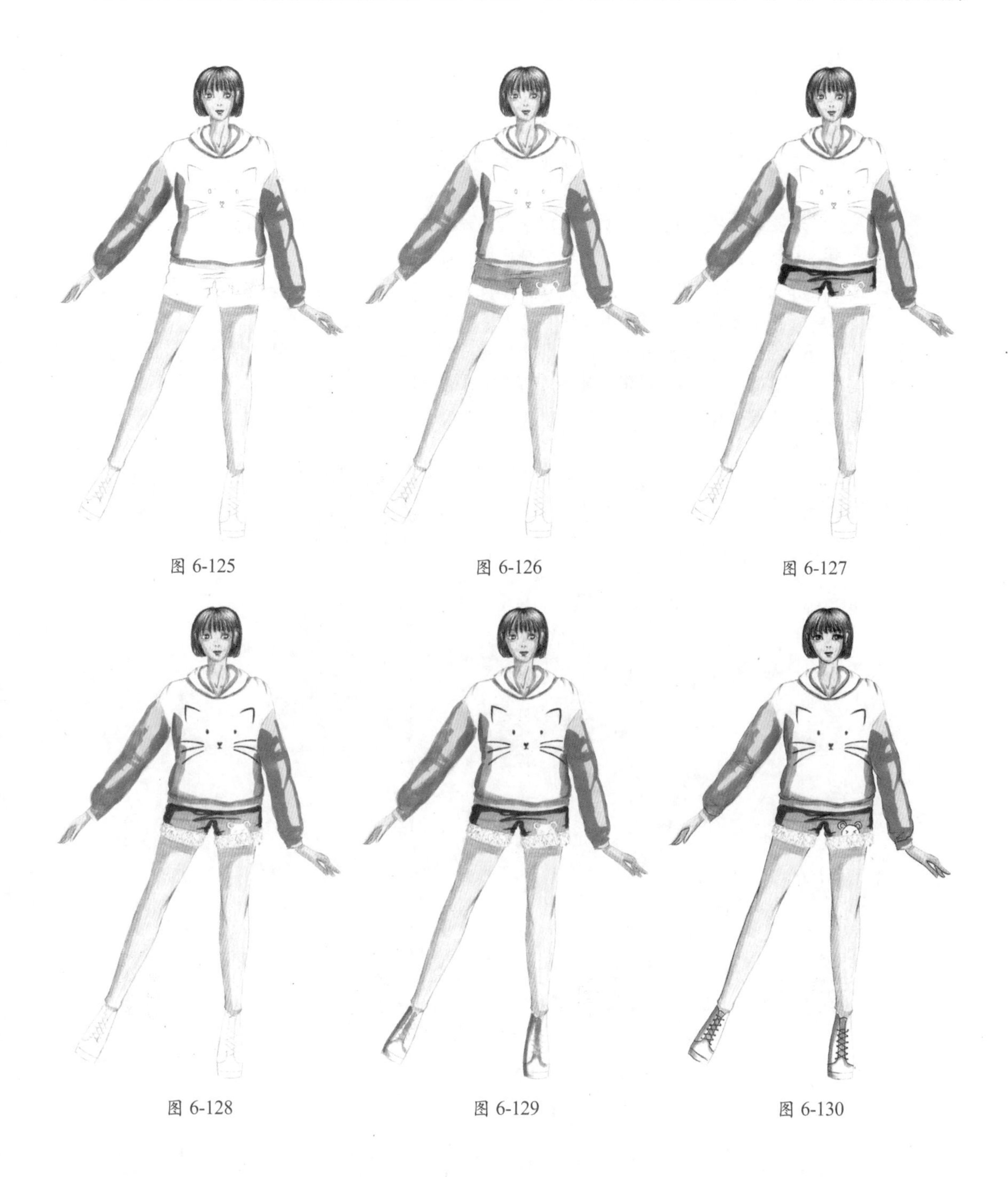

图 6-125　图 6-126　图 6-127

图 6-128　图 6-129　图 6-130

6.4 水彩与彩铅表现技法

水彩在表现时色彩丰富，而彩铅的颜色并没有水彩颜色那样丰富，但彩铅在运用的时候却比水彩要方便，所以将这两者的特征结合起来，也能够很好地表现出服装的效果图。

6.4.1 服装人体上色处理

在对服装人体进行上色时，有的时候为了表现出肌肤的白皙感，可以不涂肌肤的底色，只对肌肤的暗部进行上色。

服装人体上色的处理步骤如下。

01 绘制出人体动态线稿图（图 6–131）。

02 用淡赭石色水彩绘制皮肤的底色。我们在表现肤色时，可以用单一的赭石色加水调和，即用淡赭石色表现皮肤的底色，也可以加上少许的红色，让肌肤呈现出透红的感觉（图 6–132）。

03 用普蓝色彩铅画出眼睛虹膜的颜色，用曙红色彩铅画出嘴唇的颜色（图 6–133）。

04 确定光线的来源方向，用赭石色水彩刻画皮肤的暗部（图 6–134）。

05 用土黄色彩铅绘制出头发的底色，可以对高光部分进行留白（图 6–135）。

06 用赭石色彩铅刻画出头发的发丝（图 6–136）。

07 用深褐色彩铅刻画出头发的暗部，头发的暗部一般为脖子两侧，如果光线是从侧面照过来的，则头顶部分也为头发的暗部。用勾线笔勾出五官部分（图 6–137）。

08 用勾线笔勾出整体的暗部（图 6–138）。

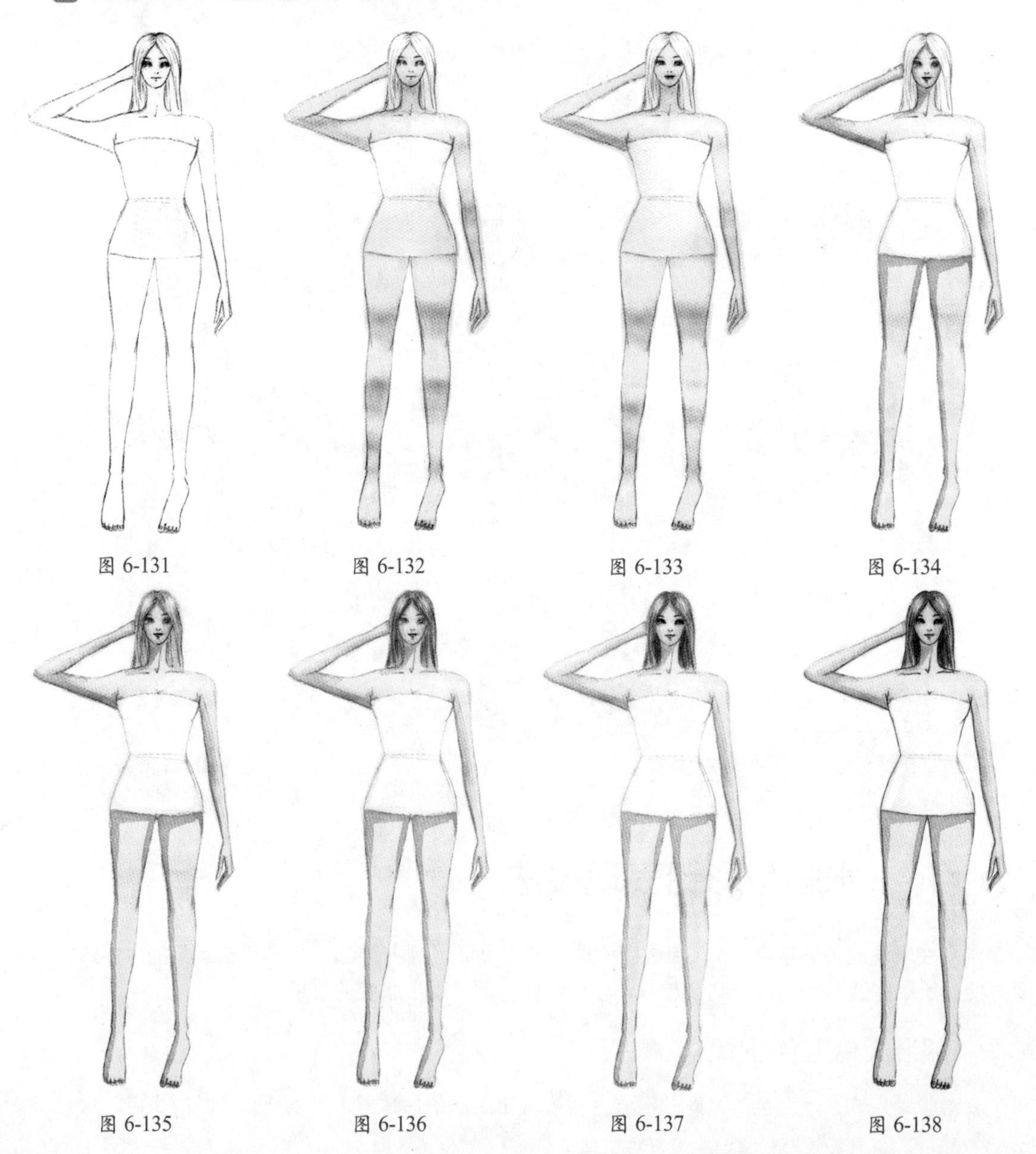

图 6-131　图 6-132　图 6-133　图 6-134

图 6-135　图 6-136　图 6-137　图 6-138

6.4.2　时装效果图步骤分解

绘制时装效果图，颜色的搭配很重要。在搭配服装时，我们要了解到颜色的冷暖色系，然后根据色系搭配出想要的服装效果。根据人的心理感受，色彩学上把颜色分为暖色调（红、橙、黄）、冷色调（青、蓝）和中性色调（紫、绿、黑、灰、白）。在绘画、设计中，暖色调给人以亲密、温暖之感，而适合与之相搭配的无彩色系除了黑色、白色，最好使用驼色、棕色、咖啡色。冷色调给人以距离、凉爽之感，与冷色基调搭配和谐的无彩色有黑色、灰色，避免与驼色、咖啡色系搭配。而将这些颜色进行搭配后，又给人新的感觉。

冷色调与中性色调服装搭配效果的步骤分析如下。

01 绘制出人体动态及着装（图 6–139）。

02 用淡赭石色水彩绘制皮肤的颜色，然后再用深点的赭石色水彩涂出皮肤的暗部。用普蓝色彩铅涂出眼睛虹膜的颜色，用曙红色彩铅涂出嘴唇的颜色（图 6–140）。

03 用勾线笔勾出五官及眼镜（图 6–141）。

图 6-139　　图 6-140　　图 6-141

04 用普蓝色彩铅轻轻涂出眼镜镜片的颜色，加上一点点的水与彩铅的颜色融合，以此突出镜片的朦胧感；用淡褐色水彩涂出头发的底色，然后用深褐色水彩涂出头发的暗部（图 6–142）。

05 用粉色水彩涂出外套的底色（图 6–143）。

06 用粉色水彩加上百分之三左右的黑色水彩，形成比粉色稍微深点的颜色，涂出外套暗部的颜色（图 6–144）。

07 用灰色水彩画出白色毛衣暗部的颜色（图 6–145）。

08 用灰色彩铅刻画出白色毛衣的纹理（图 6–146）。

09 由于用灰色彩铅刻画过毛衣纹理之后，毛衣整体呈现出灰色，所以这个时候，需要用白色水彩涂出毛衣的底色，留出暗部。让毛衣整体呈现出奶白的颜色。用群青色水彩加百分之十的水分涂出裙子的底色。再用群青色水彩绘制出裙子暗部的颜色（图 6–147）。

10 用白色水彩刻画裙子上的条纹图案。用灰色水彩涂出鞋子的暗部（图 6–148）。

11 分别用红色彩铅和绿色彩铅刻画裙子上的图案，用黑色彩铅深入刻画鞋子的暗部（图 6–149）。

12 用勾线笔刻画出毛衣上的英文字母，然后对整体进行勾线（图 6–150）。

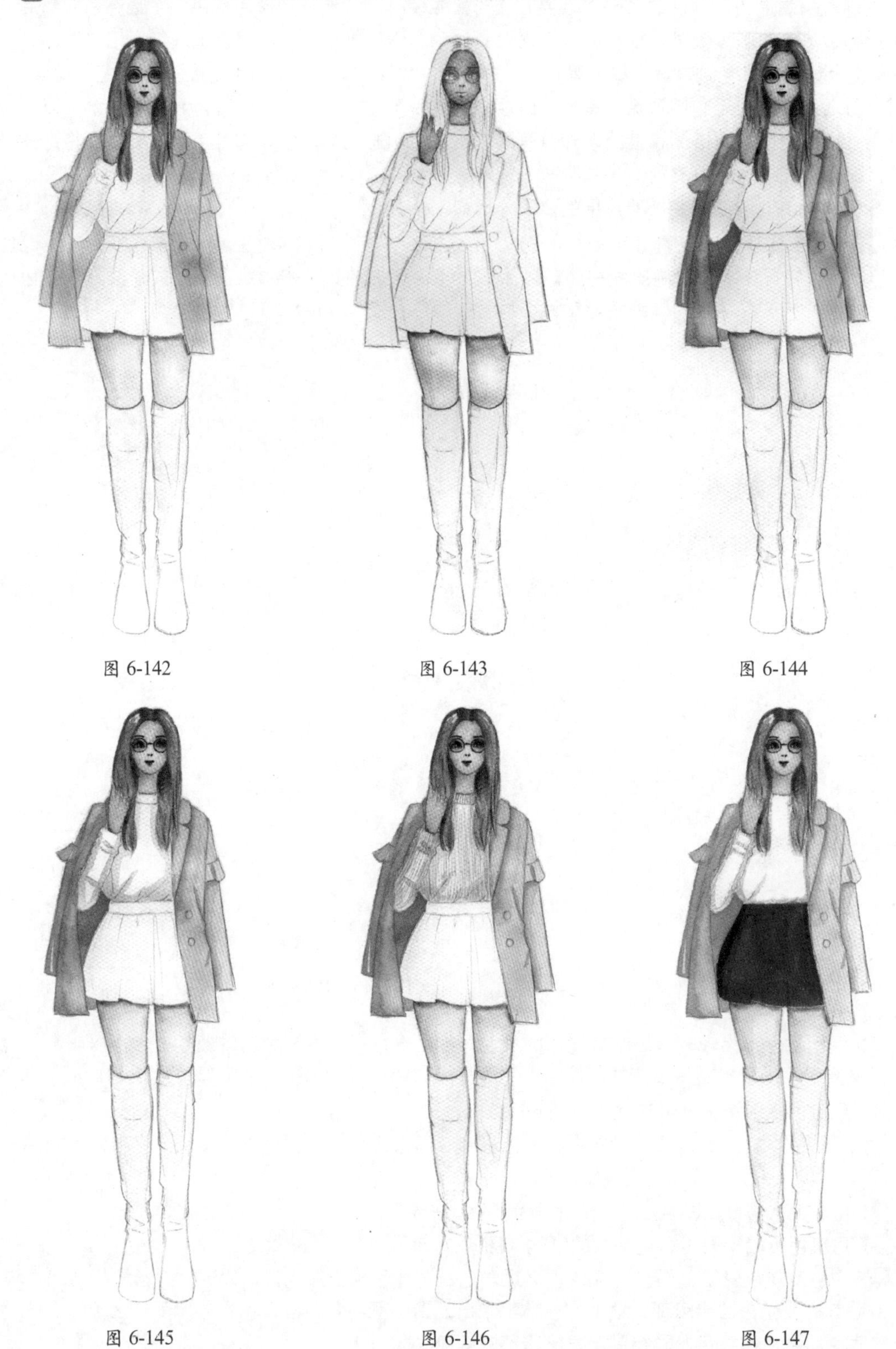

图 6-142 图 6-143 图 6-144

图 6-145 图 6-146 图 6-147

图 6-148

图 6-149

图 6-150

6.4.3　范例临本

1. 范例一

针织衫是我们在春秋季节穿得比较多的服装，不同款式的针织衫会给人不同的感觉。而休闲款式的针织衫以宽松的款式为主，常搭配牛仔裤、布鞋等出现。

休闲针织衫 + 牛仔裤的绘制范例如下。

01 绘制出人体动态及服装线稿图（图 6–151）。

02 用清水加少量的赭石色水彩，调和出淡赭石色，绘制皮肤的底色（图 6–152）。

03 在原来的淡赭石色基础上，再加入少许的赭石色颜料，用深点的赭石色涂出皮肤的暗部（图 6–153）。

04 继续在原来赭石色的基础上加入赭石色颜料，形成更深的赭石色，用更深点的赭石色深入刻画皮肤的暗部（图 6–154）。

05 用黄色水彩画出头发的底色（图 6–155）。

06 用土黄色水彩加深头发的暗部，然后分别用蓝色和红色水彩涂出眼睛虹膜和嘴唇的颜色（图 6–156）。

07 用钴蓝色水彩加水，绘制衣服和鞋子的底色（图 6–157）。

08 用深点的钴蓝色水彩画出衣服和鞋子的暗部（图 6–158）。

09 用清水加少量的黑色水彩，调和出灰色，涂出裤子的底色（图 6–159）。

10 用黑色水彩加少量的水，涂出裤子暗部及褶皱部分的颜色（图 6–160）。

11 用土黄色彩铅涂出鞋子底部的颜色，用黑色彩铅绘制出鞋子上的字母图案，用钴蓝色彩铅刻画出衣服领子和袖子部分的螺纹图案（图 6–161）。

12 用勾线笔刻画出裤子上的扣子，然后对整体进行勾线（图 6–162）。

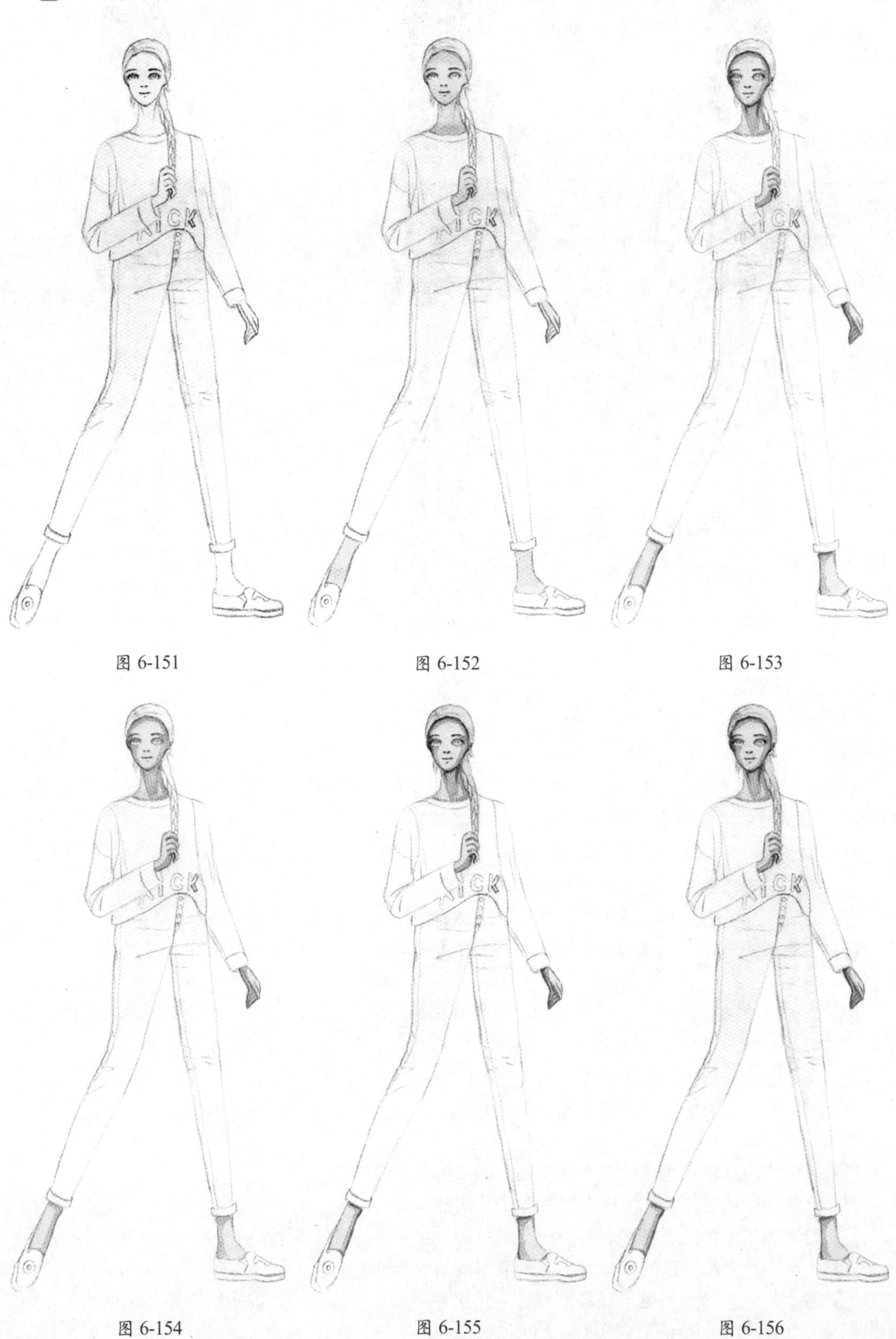

图 6-151　图 6-152　图 6-153

图 6-154　图 6-155　图 6-156

图 6-157　　图 6-158　　图 6-159

图 6-160　　图 6-161　　图 6-162

2. **范例二**

旗袍是最能体现中国女性之美且最具中国元素的服装，因为她能将人体的曲线淋漓尽致地表现出来。

旗袍的绘制范例如下。

01 绘制出人体动态线稿（图 6–163）。

02 根据人体动态绘制出服装线稿（图 6–164）。

03 用赭石色水彩加入百分之九十左右的水，调和出淡赭石色，绘制皮肤的底色（图 6–165）。

04 用赭石色水彩加入百分之五十左右的水，调和出浅赭石色，刻画皮肤的暗部（图 6–166）。

05 用灰色水彩细化旗袍的暗部（图 6–167）。

06 用土黄色彩铅绘制出头发的底色。可以对高光部分进行留白。在运用彩铅表现头发时，应当顺着头发的方向刻画出发丝（图 6–168）。

07 用普蓝色彩铅画出眼睛虹膜的颜色，用曙红色彩铅绘制出嘴唇（图 6–169）。

08 用黄褐色彩铅刻画头发暗部的颜色，注意发丝的表现（图 6–170）。

09 用赭石色彩铅深入刻画头发的暗部，即光线照不到的地方，以及被物体遮住光线的阴影部分（图 6–171）。

10 用灰色水彩画出扇子的底色（图 6–172）。

11 用黑色彩铅深入刻画旗袍和扇子的暗部（图 6–173）。

12 用大红色水彩加入百分之八十左右的水分，调和出淡红色，细化出旗袍上的花朵图案底色（图 6–174）。

13 用大红色水彩加入百分之五十左右的水分，调和出浅红色，绘制出旗袍上花朵图案的暗部（图 6–175）。

14 用大红色深入刻画旗袍上花朵图案的暗部（图 6–176）。

15 用曙红色彩铅刻画出扇子上的花朵图案，然后用勾线笔对整体进行勾线（图 6–177）。

图 6-163

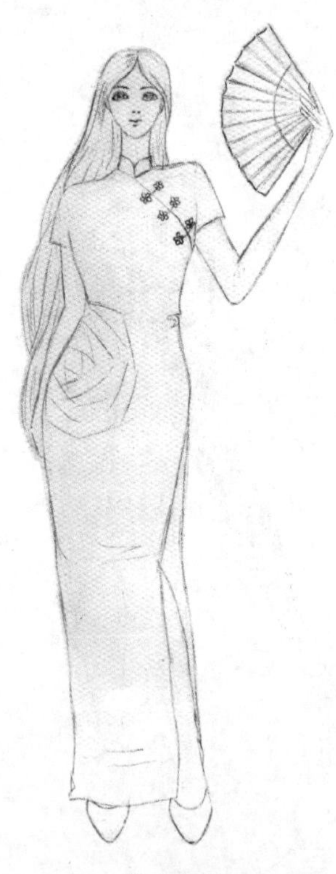

图 6-164

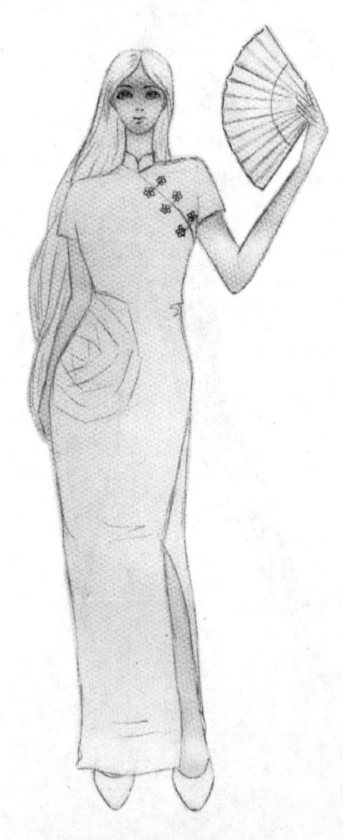

图 6-165

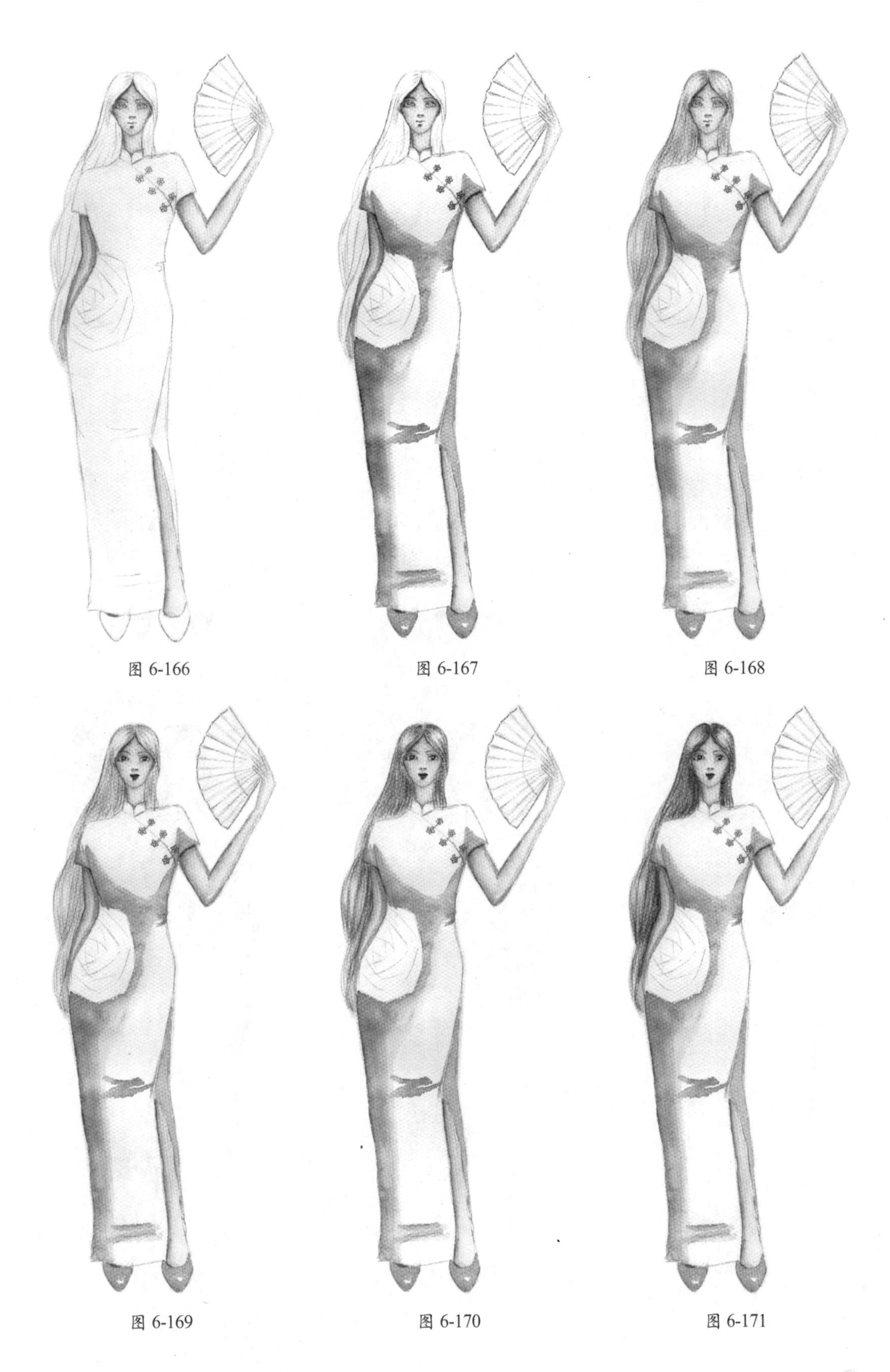

图 6-166　图 6-167　图 6-168

图 6-169　图 6-170　图 6-171

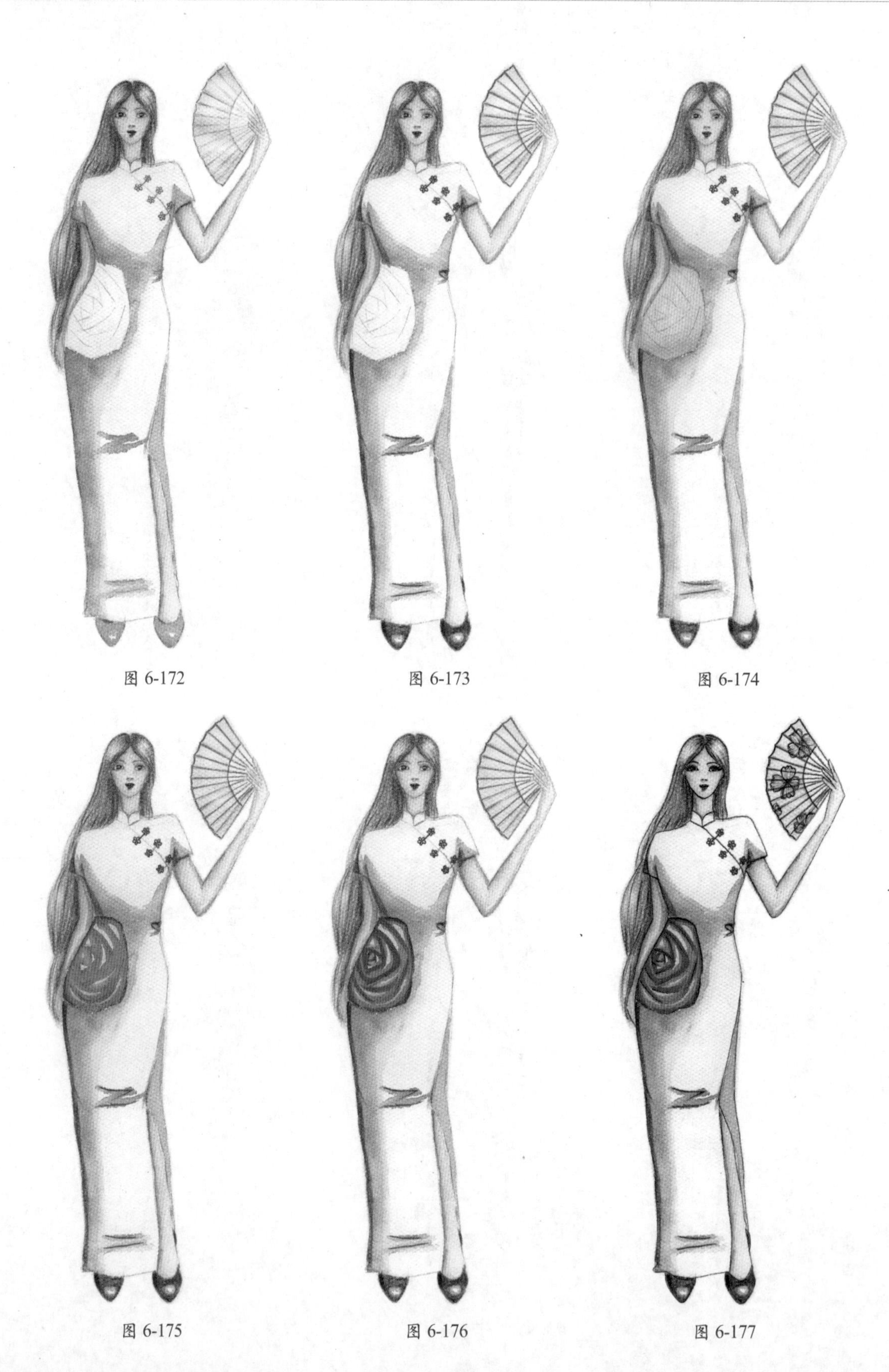

图 6-172　图 6-173　图 6-174

图 6-175　图 6-176　图 6-177